新型镁质含碳耐火材料的组成与性能

祁 欣 罗旭东 著

全书数字资源

北 京

冶金工业出版社

2024

内 容 提 要

本书是在研究镁质含碳耐火材料制备与性能的基础上，对新型镁质含碳耐火材料的组成和性能进行分析和研究。全书共分5章，主要内容包括镁质含碳耐火材料的发展、基质对镁质含碳耐火材料的性能研究、骨料对镁质含碳耐火材料的性能研究、镁碳砖回收料对镁质含碳耐火材料的性能研究、数值模拟在镁质含碳耐火材料中的应用研究。

本书可供从事耐火材料科研、设计、生产和应用的研究人员和工程技术人员阅读，也可供高等院校相关专业师生参考。

图书在版编目（CIP）数据

新型镁质含碳耐火材料的组成与性能 / 祁欣，罗旭东著 . -- 北京：冶金工业出版社，2024.8. -- ISBN 978-7-5024-9962-4

Ⅰ . TQ175.71

中国国家版本馆 CIP 数据核字第 2024LF5048 号

新型镁质含碳耐火材料的组成与性能

出版发行	冶金工业出版社	**电　话**	（010）64027926
地　址	北京市东城区嵩祝院北巷 39 号	**邮　编**	100009
网　址	www.mip1953.com	**电子信箱**	service@ mip1953.com

责任编辑　杜婷婷　王　颖　美术编辑　彭子赫　版式设计　郑小利
责任校对　葛新霞　责任印制　禹　蕊
北京建宏印刷有限公司印刷
2024 年 8 月第 1 版，2024 年 8 月第 1 次印刷
710mm×1000mm　1/16；12.5 印张；244 千字；193 页
定价 88.00 元

投稿电话　（010）64027932　**投稿信箱**　tougao@ cnmip.com.cn
营销中心电话　（010）64044283
冶金工业出版社天猫旗舰店　yjgycbs.tmall.com
（本书如有印装质量问题，本社营销中心负责退换）

前　言

镁质含碳耐火材料是以镁砂和石墨为主要原料，辅以添加剂及树脂结合剂制备而成的复相耐火材料，它以其良好的耐高温、抗热震及抗侵蚀等性能，在转炉、电炉以及钢包等领域得到了广泛应用。由于传统镁碳耐火材料的高石墨含量在长期工业生产等应用实践中暴露出资源及热损耗大、对钢液增碳及温室气体释放多等突出问题。随着资源逐渐匮乏、高品质钢材制品需求增加以及人们环境意识的日益提高，降低镁碳耐火材料中的碳含量，开发更加符合苛刻冶金环境的新型镁质含碳复相耐火材料已成为钢铁冶金行业对耐火材料产业的必然要求。

本书是作者在深入调研镁质含碳耐火材料制备与性能的基础上开展的基础性研究工作，针对新型镁质含碳耐火材料的组成和性能进行分析和讨论。基于作者及作者所在课题组多年来的研究成果，对新型镁质含碳耐火材料的组成和性能进行了论述，探究了新的研究方法，希望能对从事耐火材料等相关专业的科研和教学工作提供借鉴。

本书共分 5 章。

第 1 章镁质含碳耐火材料的发展包括镁质含碳耐火材料的组成和性能、镁质含碳耐火材料的发展趋势、镁质含碳耐火材料基质的研究进展、镁质含碳耐火材料骨料的研究进展、镁碳砖回收再利用的研究进展、数值模拟在耐火材料的研究进展。

第 2 章基质对镁质含碳耐火材料的性能研究包括含 SiC 的镁质含碳耐火材料、含 Ti_3AlC_2 的镁质含碳耐火材料、含 BN 的镁质含碳耐火材料。

第 3 章骨料对镁质含碳耐火材料的性能研究包括微纳米孔 MgO-Mg_2SiO_4 复相耐火骨料、含 MgO-Mg_2SiO_4 复相骨料的镁质含碳耐火材料、MgO-Mg_2SiO_4-SiC-C 耐火材料的抗渣性研究。

第 4 章镁碳砖回收料对镁质含碳耐火材料的性能研究包括引入形式对镁质含碳耐火材料的影响、加入量对镁质含碳耐火材料的影响。

第 5 章数值模拟在镁质含碳耐火材料中的应用研究包括分子动力学研究 $MgO(-Mg_2SiO_4)$-SiC-C 耐火材料的界面结合机制、有限元研究 MgO-C-Ti_3AlC_2 耐火材料的损毁机制、MgO-C-Ti_3AlC_2 耐火材料的热化学模拟。

本书由祁欣、罗旭东共同撰写。在本书的撰写过程中，得到了辽宁科技学院冶金与材料工程学院及辽宁科技大学无机非金属材料工程专业满斯林、田吉、遇龙等研究生的支持和帮助，在此表示衷心感谢。本书参考了有关文献资料，在此向文献资料的作者表示感谢。

本书涉及的研究内容是在 2024 年辽宁省自然科学基金计划项目"含微纳米孔 MgO-Mg_2SiO_4 复相骨料的 MgO-Mg_2SiO_4-SiC-C 耐火材料组成、微观结构与热学性能的相关性及调控机制研究"（编号：2024-BS-228）和 2024 年辽宁省教育厅基本科研项目"多晶硅对方镁石—碳化硅—碳耐火材料热断裂行为的研究"（编号：2024JYTKYTD-18）资助下完成的。

限于作者水平，书中不妥之处，敬请读者批评指正。

作　者
2024 年 4 月

目　　录

1　镁质含碳耐火材料的发展

随着现代高温工业的发展，镁质含碳耐火材料以良好的耐高温、抗热震及抗侵蚀等性能，在转炉、电炉以及钢包等领域得到了广泛应用。传统镁碳耐火材料尤其是转炉及钢包渣线材料由于高石墨含量，在长期的工业生产等应用实践中暴露出资源及热损耗大、对钢液增碳及温室气体释放多等突出问题。随着资源逐渐匮乏、高品质钢材制品需求增加以及人们环境意识的日益提高，镁质含碳耐火材料将迎来新的发展。

1.1　镁质含碳耐火材料的组成和性能

镁质含碳耐火材料是以高熔点碱性氧化物——镁砂和难以被熔渣浸润的碳素材料——石墨作为主要原料辅以添加剂及树脂结合剂制备而成的复相耐火材料。镁质含碳耐火材料的制备流程如下：首先将镁砂破碎筛分成指定规格的镁砂粗颗粒和镁砂细粉，将镁砂细粉和各种粉料添加剂预混合，然后进行配料，混合过程按照镁砂粗粒、结合剂、石墨及其他预混合粉末的顺序进行混炼，理想的镁质含碳泥料混合模型如图 1-1 所示。后续进行成型处理，以热固性酚醛树脂为结合剂的镁质含碳耐火材料需要在 200 ℃ 以上进行固化处理，最终得到镁质含碳耐火材料成品，镁质含碳耐火材料的制备工艺流程如图 1-2 所示。

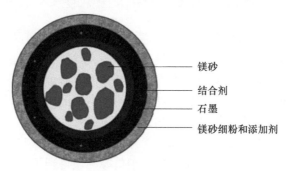

镁砂
结合剂
石墨
镁砂细粉和添加剂

彩图

图 1-1　理想的镁质含碳泥料混合模型

由于方镁石的线膨胀率较大（线膨胀系数为 14×10^{-6} ℃$^{-1}$），在使用过程中抗热震性和抗渣侵蚀性较差，鳞片石墨具备层间可滑移性和良好挠曲性，且导热系数高、线膨胀系数低、熔点高、对渣润湿性差，加入石墨后可以提高镁质含碳

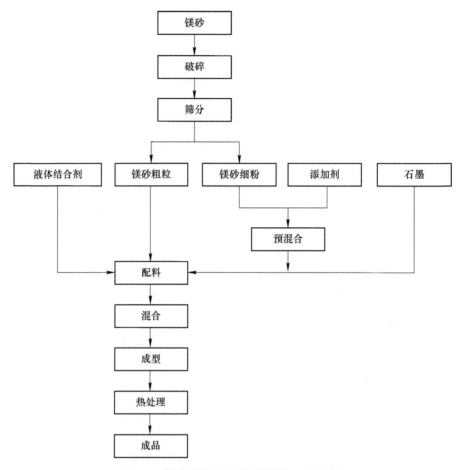

图 1-2 镁质含碳耐火材料的制备工艺流程

耐火材料的热导率，降低材料的线膨胀系数，提升复相材料的综合性能。金属、碳化物及硼化物等抗氧化剂可以减少镁质含碳耐火材料中石墨的氧化。由于酚醛树脂的残碳量高、无污染及易混炼等特点，已成为镁质含碳耐火材料的主要碳质结合剂。镁质含碳耐火材料在保留碱性氧化物较高耐火度的同时，改善方镁石的抗热震性差、易被熔渣侵蚀的固有缺陷。

镁质含碳耐火材料自 20 世纪 70 年代开始发展至今，以其良好的耐高温、抗热震及抗侵蚀等性能，在转炉、电炉以及钢包等领域得到了广泛应用。早期钢包渣线部位使用的耐火材料是直接结合镁铬砖，电熔再结合镁铬砖等优质碱性砖。镁碳砖成功在转炉上使用后，精炼钢包渣线部位也开始使用镁碳砖，并取得了良好的使用效果。我国精炼钢包渣线砖自从采用镁碳砖代替镁铬砖后，综合使用效果明显。宝钢股份总公司 300 t 钢包渣线从 1989 年 7 月开始使用 MT-14A 镁碳砖，渣线寿命保持在 100 次以上，150 t 电炉钢包渣线采用低碳镁碳砖冶炼帘线钢，出钢温度为 1600~1670 ℃，取得了明显效果。

1.2　镁质含碳耐火材料的发展趋势

传统的镁质含碳耐火材料因为其较高的石墨含量，在实践中暴露出以下不足：

（1）在钢铁冶炼的过程中，由于耐火材料与钢水是直接接触的，镁质含碳耐火材料对钢水发生渗碳，影响低碳钢和超低碳钢的冶炼；

（2）由于石墨的高导热系数，造成出钢温度升高、热能资源的浪费、加重了耐火材料的高温侵蚀；

（3）镁质含碳耐火材料在高温使用过程中，由于氧化消耗大量石墨，不利于资源循环利用，石墨属于不可再生资源，石墨资源的逐渐稀缺使石墨原料价格上涨，增加了耐火材料及钢铁冶金工业的成本；

（4）石墨的烧失使耐火材料中残留气孔，会减弱镁质含碳耐火材料的力学、热学及化学性能，且加剧温室效应。

综上所述，降低镁质含碳耐火材料中的碳含量已成为必然选择。

镁质含碳耐火材料的诸多优异性能与石墨材料性能有关，镁质含碳耐火材料低碳化发展的同时也必然会带来某些性能变差的问题。直接降低镁质含碳耐火材料中的石墨含量，使热导率下降、线膨胀率增大，会引起热震稳定性下降、与熔渣的润湿性增强等问题，热震损伤和渣蚀损毁是耐火材料受损的两大主要原因，不仅影响耐火材料使用寿命，损毁后的耐火材料还会进入钢水中，增加钢水夹杂含量，影响钢材质量。

耐火材料的抗热震性是指耐火材料抵抗温度急剧变化而不损坏的能力。当环境温度升高，材料受到热冲击，材料表面膨胀产生压应力，材料内部阻止材料表面的膨胀产生拉应力；当环境温度下降，材料表面和内部分别产生拉应力和压应力，温度梯度产生的内应力分布如图 1-3 所示。耐火材料是一种非均质的复相材料，耐火材料的异质微观结构也会影响材料的宏观性能，由于内外表面的温度梯度和各相线膨胀系数不一致形成热应力，当热应力大于裂纹扩展所需的力，材料发生开裂。

热震稳定性差一直是镁碳砖降碳后存在的问题，释放由温度梯度所引起的热应力是提升耐火材料抗热震性的重要手段。在材料内部形成合理数量微气孔和微裂纹，利用其来释放过量的热应力，微裂纹还有一定的增韧效应，可以提升低碳 MgO-C 材料的抗折强度。刘波等人选取颗粒级配、复合抗氧化剂、石墨粒度和复合结合剂 4 个因素，进行了四因素三水平正交试验。结果表明：对于影响低碳

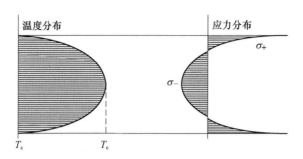

图 1-3 冷却过程中耐火材料中的温度分布与应力分布

MgO-C 材料抗热震性能的因素，颗粒级配>抗氧化剂>石墨粒度=复合结合剂。

通过外加的添加剂，与 MgO 原位生成固溶体或者新相可以中和不同物料膨胀效应的差异，填充气孔与裂纹以提高低碳 MgO-C 材料的断裂强度。罗巍等人研究了防氧化剂（Mg-Al 合金粉、金属 Si 粉）对低碳镁碳耐火材料抗热震性能的影响，经 1200 ℃ 热处理后，试样中 Mg-Al 合金被氧化，进一步反应生成 $MgAl_2O_4$，经 1400 ℃ 热处理后，试样中 AlN 相和 SiC 晶须生成，$MgAl_2O_4$ 生成量增加，试样的热震稳定性和抗折强度都得到提高。华旭军等人在低碳镁碳砖加入 0.2%~0.4% 的 TiC-C 复合粉作为抗氧化剂与部分碳源，砖的抗氧化性能与高温力学性能明显改善。王晓婷等人采用 Al、Si 复合粉为抗氧化剂，研制出低碳镁碳砖。研究发现相对于单金属 Al 引发的膨胀与单金属 Si 生成的低熔点相，Al、Si 复合粉对低碳镁碳砖产生的膨胀适当，很好地保护了体系中碳的氧化，提高了材料的抗热震性和抗熔渣侵蚀性。

石墨粒度同样是影响碳复合耐火材料的因素之一。张丽等人研究膨胀石墨、细石墨和炭黑比较三者对低碳镁碳砖的性能影响，发现膨胀石墨因为具有较大比表面积与高气孔率吸收了热应力，可以改善低碳镁碳砖的抗热震性。高华等人将尺寸约为 φ10 mm×20 mm 的碳纤维加入低碳镁碳砖中，研究低碳镁碳砖的热剥落问题并确定最佳加入量。结果表明：添加质量分数 0.25% 碳纤维的试样其高温线膨胀率有所降低，抗热震性能有明显改善，但碳纤维含量持续增加时，试样的抗热震性能呈反向趋势，故质量分数 0.25% 的碳纤维加入量为最佳。

耐火材料的抗渣侵蚀性是指耐火材料抵抗熔渣侵蚀作用而不损坏的能力。熔渣对耐火材料的侵蚀包括如下 3 种形式：

（1）耐火材料与熔渣不发生化学反应的物理溶解；

（2）耐火材料与熔渣在界面处发生化学反应的反应溶解；

（3）熔渣作为侵蚀介质渗入耐火材料内部形成的侵入变质溶解。

上述的侵蚀过程导致耐火材料组成和结构发生改变，不能承受钢水和熔渣进一步的机械冲刷作用，发生剥落和损毁。

低碳镁碳砖的抗渣侵蚀能力受到冶炼温度、渣的碱度等因素影响，冶炼温度升高，碱度低，黏度大，低碳镁碳砖的使用寿命会降低。熔渣主要是通过砖中石墨被氧化后留下的气孔或者砖中的裂纹进入内部，所以减少石墨的加入量，降低压砖所形成的弹性后效，减少层裂的出现，体积密度加大而显气孔率降低，熔渣可进入砖内部的通道减少。熔渣侵蚀的部位主要是耐火材料的基质，所以耐火材料的抗渣侵性能与抗氧化性能是相辅相成的。与普通镁碳砖相比，低碳镁碳砖中 MgO 颗粒之间的间距小，在抵御渣侵的反应面易聚集富 MgO 的反应层，使氧化后的结构更致密，进一步阻碍氧的传输，从而抑制砖中碳的氧化。改变熔渣的黏度，增加熔渣流动所需要的动能同样是提高耐火材料抗渣侵蚀性的一种办法。朱强等人在低碳镁碳砖中加入 $SiC-Al_2O_3$ 复合粉，结果表明在熔渣侵蚀低碳镁碳砖基质时，$SiC-Al_2O_3$ 复合粉与熔渣发生反应，改变渣中的 CaO/SiO_2 比值，SiC 属于高熔点且在渣中的溶解度小，使得渣的黏度加大，流动性减弱，有效地阻碍了渣向耐火材料的渗透。

国内外学者对镁质含碳耐火材料低碳化的研究工作主要围绕以下几个方面开展。

（1）碳源尺寸的降低和复合碳源的使用。Liu Bo 等人研究炭黑对镁质含碳耐火材料性能的影响，发现随着炭黑粒径的减小，试样的抗热震性和力学性能得到提高，添加质量分数 3% N220 炭黑的低碳镁碳耐火材料的抗热震性接近碳含量（质量分数）为 16% 的镁碳耐火材料。

（2）优化结合剂的次生碳结构或催化结合剂形成碳化物陶瓷相。Li Yage 等人对低碳镁碳耐火材料中酚醛树脂进行催化，添加质量分数 0.25% 的 Fe 催化剂，形成碳纳米管和 SiC 晶须，提高耐火材料的高温抗折强度。

（3）高效抗氧化剂的使用，在某些条件下还能形成陶瓷相具有增强增韧的作用。Zhu Tianbin 等人向低碳镁碳耐火材料中添加 Si 粉作为抗氧化剂，经 1200 ℃ 热处理基质中出现 SiC 晶须，在 1400 ℃ 以后 SiC 晶须大量存在，SiC 晶须的存在提高耐火材料的抗热震性和力学性能。

1.3 镁质含碳耐火材料基质的研究进展

SiC 作为一种常用的抗氧化剂被添加到含碳耐火材料中，SiC 会优先于单质碳被氧化，与渣反应会增加熔渣的聚合度以提高熔渣的黏度，且对钢水的增碳作用比单质碳小得多，对材料的抗氧化性、抗热震性、抗渣性起到积极作用，有效延长耐火材料的使用寿命。SiC 具备热导率高、线膨胀系数小、熔点高（2700 ℃）、对熔渣润湿性差、硬度高及抗化学侵蚀等优异性能，广泛应用在磨料、冶金、能源及化工等行业。SiC 是一种无机物，不存在于地壳中，主要通过人工合成制得，天然 SiC 数量极少，仅存在于陨石中。SiC 的制备方法主要包括碳热还原法、硅碳直接反应法、溶胶–凝胶法及化学气相沉积法等。魏耀武等人以电熔镁砂为骨料，SiC 和石墨为基质，按照一定的成分配比制备 MgO-SiC-C 耐火材料，在渣侵试验过程中，SiC 被氧化成为 SiO_2，增加熔渣黏度，有效降低对试样的渗透和侵蚀，提升试样的抗渣性。SiC 氧化后形成的 SiO_2 与 MgO 反应形成镁橄榄石，新相的形成产生了部分体积膨胀，减少对耐火材料内部的进一步氧化。SiC 对含碳耐火材料的保护作用在 Al_2O_3-SiC-C 耐火材料中也得到了广泛应用。

在高温条件下，Si 粉常作为抗氧化剂添加到镁碳耐火材料中，硅与碳反应后在耐火材料中会原位形成 SiC，原位合成技术相比于传统直接外加的方法，增强相与基体结合良好、分布均匀、性能稳定。夏忠锋等人在低碳镁碳耐火材料中以硝酸镍作为催化剂促进硅粉和碳素原料的反应，在氩气气氛下合成大量的 SiC 晶须，随着热处理温度的升高，SiC 晶须逐渐变粗，材料力学性能得到提升。SiC 材料具有良好的高温性能，SiC 晶须还可以起到优化改善微观结构的作用，且原位合成的 SiC 晶须与体系内其他组分具有良好结合性。晶须结构相比颗粒结构还具有裂纹偏转、断晶、晶须与基体脱黏、晶须拔出等作用，增加裂纹扩展路径或减少裂纹的进一步扩展，对材料有增强增韧的作用，晶须增韧方式如图 1-4 所示。

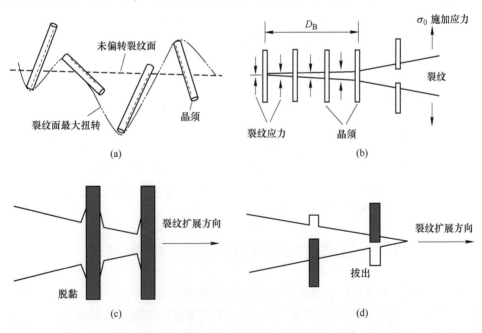

图 1-4 晶须增韧方式

（a）裂纹偏转；（b）晶须断晶；（c）晶须与基体脱黏；（d）晶须拔出

MAX 相是一类具有六方晶格结构的纳米层状过渡金属化合物。蔡伏玲等人论证了 MAX 相对镁质含碳耐火材料的性能优化，从新体系 MgO-MAX-C 耐火材料的微观结构变化、MAX 独特的氧化性质及其氧化产物与镁碳耐火材料基质在高温下发生的一系列固相反应入手，分析 MAX 相对镁质含碳耐火材料性能的优化机理。Ti_3AlC_2 是新型的三元层状 M_3AX_2 相陶瓷，Ti_3AlC_2 于 20 世纪 60 年代由 Jeitschko 等人合成，具有六方晶体结构，空间群为 P63/mmc，如图 1-5 所示。Ti_3AlC_2 具有陶瓷和金属独特的优点。与陶瓷一样，它具有高模量、高温强度高、低线膨胀系数。和金属一样，它是一种良好的电导体和热导体，不容易受到热冲击，可以用传统的高速钢工具进行加工。

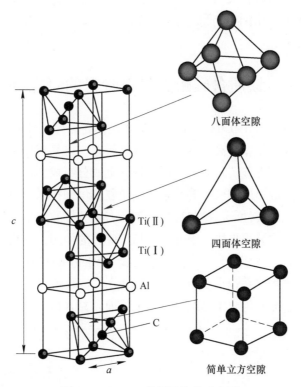

图 1-5　Ti_3AlC_2 的原子结构示意图

对于 MAX 作为抗氧化剂的性能研究，赵单玲等人对 Ti_3AlC_2 的氧化行为做出了阐述。由于 TiO_2 的生长速度比 Al_2O_3 快得多，表面的外层生成了一种以 TiO_2 为主的氧化层，内层生成了 Al_2O_3，和 TiO_2 的混合层形成一块隔离层来阻止材料内部与含氧环境之间的原子扩散和相互作用，保护材料的内部不被氧化。以 MgO-Ti_3AlC_2-C 为例，Ti_3AlC_2 氧化产物 Al_2O_3 与 MgO 发生固相反应，形成镁铝尖晶石高熔点相，这弥补了石墨氧化造成的重量损失同时生成镁铝尖晶石伴随的体积膨胀可以填补石墨氧化后形成的气孔，这对耐火材料的高温强度有着积极的影响。而且 MAX 相中 Al 原子与 Ti-C 层之间以较弱的共价键结合，使 MAX 相在高温下发生滑移变形，表现出一定的属于金属材料的显微塑性。对于 MgO-MAX-C 耐火材料抗渣侵蚀性能的研究，主要是从耐火材料基质与渣中成分发生的固相扩散反应，调节熔渣的黏度为主进行分析。如 Ti_3AlC_2 氧化产物 Al_2O_3 与 MgO 发生固相反应，形成高熔点的镁铝尖晶石可以降低渣中的 Mg、Al 对耐火材料的溶解度，高熔点的镁铝尖晶石还可以提高渣的黏度，从而提高耐火材料的抗渣侵能力。对渣/耐界面分析可知，耐火材料最先遭受渣中 CaO 的化学侵蚀，试样的基质与渗透的渣反应形成各类固溶体，如 $CaO \cdot MgO \cdot SiO_2$（CMS）和各类氧化物（如 TiO_2 和 SiO_2）。固溶体的低熔点相在高温下呈液相形式存在，包裹氧化镁骨料抵御熔渣的侵蚀。

1.4 镁质含碳耐火材料骨料的研究进展

耐火骨料是粒度大于 0.088 mm 的粒状材料，在耐火材料中起骨架支撑作用。由于镁质骨料的线膨胀率较高，通常抗热震性较差，将复相技术应用于镁质骨料可以有效改善其热学性能。复相骨料由两种以上成分组成，由于不同物相间的线膨胀系数差异会形成裂纹和脱黏等缺陷，基于复相增韧技术调控原料的组成可以提高耐火材料的抗热震性。以冷却过程为例，若组分 2 的线膨胀系数大于组分 1，则组分 2 比组分 1 收缩得更快，组分 1 受到压应力的作用，而组分 2 承受径向压应力和轴向拉应力，致使组分 2 中出现微裂纹（Microcracking）如图 1-6（a）所示；若组分 2 的线膨胀系数小于组分 1，则组分 1 将收缩得更快，产生轴向压应力和径向拉应力，导致组分 1 与组分 2 发生界面脱黏（Debonding）如图 1-6（b）

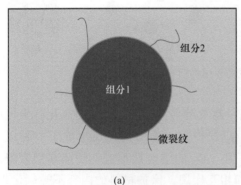

(a)   (b)

图 1-6 两相骨料由于线膨胀系数失配形成的缺陷

（a）微裂纹；（b）脱黏

彩图

所示。在加热过程，形成相反的结果。Mi Yao 等人通过向 MgO 中加入 ZrO_2 制备得到 MgO-ZrO_2 耐火骨料，提高了阳离子空位浓度，抑制 MgO 晶粒的异常生长，从而使试样致密化，ZrO_2 促进裂纹偏转及裂纹分叉，断裂韧性增加，抗热震性提升。赵婷婷等人基于氧化锆与莫来石线膨胀系数失配原理，制备高抗热震的氧化铝-氧化锆-莫来石复相材料，热震后残余强度达到 105.6 MPa，且水淬热震破坏程度较小，表面未发现粗裂纹，裂纹分布较均匀。

通常设计镁质复相骨料时，第二相的膨胀系数应小于主晶相方镁石。当两相的线膨胀系数差异较大时，会形成较大的裂纹和脱黏，对复相骨料的力学等性能产生不利影响。方镁石和镁橄榄石的晶体结构如图 1-7 所示，性能见表 1-1。镁橄榄石的整体性能与方镁石一致，其线膨胀系数接近且低于方镁石，因此 MgO-Mg_2SiO_4 骨料有望提升镁质复相骨料的抗热震性。

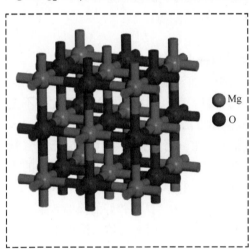
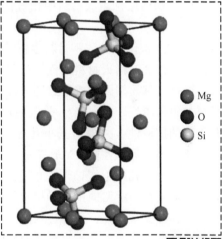

(a)　(b)

图 1-7　晶体结构图

（a）方镁石；（b）镁橄榄石

彩图

表 1-1　方镁石和镁橄榄石的性能

矿物相	方镁石	镁橄榄石
化学式	MgO	$2MgO \cdot SiO_2$
晶体结构	立方晶系	斜方晶系
熔点/℃	2800	1890
酸碱性	碱性	弱碱性
线膨胀系数/℃$^{-1}$	13.8×10^{-6}	11×10^{-6}

镁质骨料的矿物相是方镁石，其化学成分是以氧化镁为主成分的一系列氧化

物，与熔渣中的其他氧化物具有极强的亲和力，将复相技术应用于镁质骨料可以改善耐火材料的抗渣性。林小丽等人研究尖晶石添加量对方镁石-尖晶石材料抗渣侵蚀性的影响，发现尖晶石促进液相黏度增加，降低侵蚀指数。Gao Yunming等人研究 SiO_2-CaO-MgO-Al_2O_3 渣系的黏度与 MgO 含量的关系，发现增加 MgO 会降低熔渣黏度，而增加 SiO_2 可降低熔渣的流动性，提高熔渣的聚合度，减少熔渣对耐火材料的渗透。镁橄榄石相对方镁石增加了体系的 SiO_2 含量，降低体系的 MgO 含量，在与熔渣的作用过程中会增加熔渣的黏度，减少渣对耐火材料的侵蚀和渗透，提升耐火材料的抗渣性。

致密的电熔镁砂具有大晶粒和低显气孔率，使熔渣难以渗入。然而，电熔镁砂骨料和基质的线膨胀系数差异较大，导致耐火材料出现较宽的脱黏和裂纹等缺陷，熔渣沿着上述缺陷侵蚀耐火材料。熔渣对耐火材料的侵蚀过程如下：

（1）熔渣侵蚀耐火材料中相对骨料较为疏松的基质；

（2）基质被分解；

（3）未被侵蚀的致密骨料也将受到熔渣和钢水冲刷作用而被剥离。

通过熔渣对耐火材料的侵蚀过程可以得出，熔渣对耐火材料的侵蚀主要在基质中进行，基质损毁直接导致还未被侵蚀的骨料剥落，耐火材料的抗渣性并不是骨料越致密越好。Huang Ao 等人通过数值模拟方法研究刚玉-尖晶石浇注料中多孔骨料的抗渣性，并提出减小孔径将优化抗渣性，用多孔骨料代替传统致密骨料，还能提高隔热性能。Yan Wen 等人发现，微孔刚玉比板状刚玉具有更好的抗渣性，因为微孔刚玉侵蚀形成的连续致密隔离层的厚度是板状刚玉的 3~4 倍，且微孔刚玉在 800 ℃ 时的热导率比板状刚玉低 41.6%，具有较好的保温效果，当骨料中存在少量气孔，渣会进入到骨料和基质中，单位面积的熔渣浓度下降，侵蚀速率降低，从而提升耐火材料的抗渣侵蚀性。

上述研究表明，通过合理调控孔径可以制备出具有良好抗渣性的多孔耐火骨料。一些研究人员发现，当骨料的平均孔径小于 5 μm 时，通过增加微纳米尺寸的闭口气孔能够提升耐火材料的力学性能。通过细化镁质骨料的气孔，制备兼具抗热震性和抗渣侵蚀性的镁质骨料，骨料内气孔的存在有效吸收热应力，减少裂纹的扩展，提升耐火材料的抗热震性。因此，具有低孔隙率和小孔径的微孔耐火骨料，可以在低热导率、良好力学性能、抗热震稳定及抗渣侵蚀之间实现平衡。

受原料粒度的影响，传统耐火材料的气孔多为微米孔。添加纳米颗粒能够细化原有微米气孔，且纳米颗粒堆积也会形成纳米孔，可以促进耐火材料体系内形成微纳米孔结构，如图 1-8 所示。直接添加纳米颗粒不易分散均匀，通过溶胶作为调质剂能够有效均匀分散纳米颗粒，溶胶的超塑性还能促进耐火材料中闭口气孔的形成。近年来，微纳米复合孔径技术的提出得到广泛关注和应用。Fu Lvping

等人将铝溶胶添加到 α-Al_2O_3 粉末中制备得到微纳米孔刚玉。Hou Qingdong 等人通过添加镁溶胶制备具有微纳米孔的镁质耐火材料，与未添加溶胶的试样相比抗折强度提高了 40%，且气孔率的提高使微纳米孔耐火材料具有更低的导热系数，减少耐火材料使用中的热能损失。

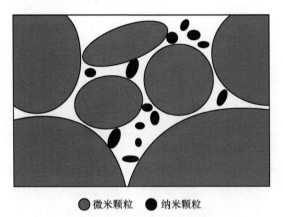

● 微米颗粒 ● 纳米颗粒

彩图

图 1-8　微纳米孔结构示意图

1.5　镁碳砖回收再利用的研究进展

国外在废弃耐火材料的再利用方面主要是分为两大类状况：

一类是采取"产官学"相结合的方式，即公司与大学以及研究机构合作对于用后耐火材料的回收利用进行研发和生产，使先进的技术在第一时间转化为生产力，为企业创造价值；

另一类是由各地政府出面来建设专门回收和再加工用后耐火材料的公司，对于各类工厂的用后耐火材料进行统一集中处理，以达到 100% 利用和零排放为根本目标。

我国绿色 GDP 占国内生产总值的比重逐年提高，因此用后耐火材料的循环利用也成了我国钢铁业关注的焦点。但是纵观全国来看，我国的钢铁企业只是对于用后耐火材料进行简单的加工然后再次投入生产当中，没有从根本上形成高附加值的再生产品，使得其产能和经济价值大打折扣。

以我国宝钢为例，其在耐火材料的回收利用方面主要有以下经验值得各大钢厂学习借鉴：

一种方式是宝钢的开发总公司统一对其下属的各级子公司的用后耐火材料进行回收。回收后有专业人员对其进行分类，部分经过筛选以低价出售或者经过简单加工处理为其他工序的原材料继续投入生产，部分经过精加工后形成独立的价值高的产品进行出售。

　　另一种方式是由各子公司自行回收，用于再生产或作为独立产品进行出售。主要内容是利用 80% 以上的用后镁碳砖料生产出的再生镁碳砖，结果见表 1-2。

表 1-2　再生镁碳砖的性能

项目	w(废砖) /%	w(MgO) /%	w(C)/%	常温耐压强度/MPa	显气孔率 /%	体积密度 /(g·cm^{-3})	高温抗折强度/MPa
1 号	>80	78.31	11.1	45	3.0	2.93	12
2 号	>90	77	13	41	4.0	3.00	14
3 号	>90	81	13.1	50	5.1	2.83	—

　　注：1 号和 2 号为宝钢研制砖，3 号为日本研制砖。

　　前期对铝镁碳钢包砖和铁钩料等废气耐火材料进行了再生研究。铝镁碳砖的废砖加入量为 90%，其性能：体积密度为 3.01 g/cm³，显气孔率为 8.7%，耐压强度为 44 MPa。经过长期的研究，得到了性能优良的再生镁碳质耐火原料，再经过对用后镁碳砖进行分类和挑选，水洗除尘、除杂，敲击除渣，水化除碳化铝，颗粒整形，假颗粒破碎，煅烧除结构水，以及均化处理等工序。加入一定量再生镁碳质耐火原料并采用合理的制造工艺，能制成优质再生镁碳砖。

　　济钢通过对钢包渣线镁碳残砖、转炉镁碳残砖和铝镁碳残砖的特殊处理，生产出性能优良的再生料。在再生镁碳料添加（质量分数）68% 和 50%，以及再生铝镁碳料添加（质量分数）65% 和 40% 的情况下，生产出的含碳钢包砖与不加再生料的同规格产品具有同等或相近的理化性能指标，并且使用效果较好，残砖厚度与之类似。废弃含碳耐火材料的回收所生产再生镁碳砖的成本平均可降低 950 元/t，再生铝镁碳砖的成本平均可降低 520 元/t，取得了良好的经济效益和社会效益。

　　废弃镁碳砖属于含碳耐火材料，而抗氧化剂等添加剂的加入对废弃镁碳砖的回收利用起着重要作用。废弃镁碳砖处理方法和其他废弃耐火材料的处理方法相似，包括废弃料的表面去污、渣层处理、破粉碎处理、分离处理和均化处理等，但废弃镁碳砖属于含碳耐火材料，含碳耐火材料具有良好的抗熔铁和熔渣侵蚀的能力，导热性好，抗热震性优良，虽然其抗氧化性差，但可通过加入抗氧化剂和涂抹防氧化涂料等措施加以提高。含碳耐火材料的防氧化处理方式与其他耐火材料有着本质的区别，因此废弃镁碳砖的处理要从其制造工艺特点入手。

　　根据镁碳砖的回收处理经验，水化处理是研究的重点环节之一，经过高温后，镁碳砖中通常添加铝粉硅粉和碳化硼，会反应形成 Al_4C_3，如式（1-1）所示，而生成的碳化铝遇水易发生水化反应，如式（1-2）所示。

$$4Al + 3C \Longrightarrow Al_4C_3 \tag{1-1}$$

$$Al_4C_3 + 12H_2O =\!=\!= 4Al(OH)_3 + 3CH_4 \qquad (1-2)$$

不计生成气体体积，仅这一个反应生成的固体体积就增大了 1.65 倍。体积增加过大，导致镁碳砖的粉化和开裂。因此，必须除去其中的碳化铝后才可以用镁碳砖为原料再生镁碳砖。在再生镁碳砖之前，先进行水化处理，预先除去碳化铝，这样可以解决再生镁碳砖的粉化和开裂。

1.6 数值模拟在耐火材料的研究进展

复相耐火材料中异相之间存在界面，界面的结合情况对耐火材料的整体性能有很大影响。复相耐火材料界面位于异相之间，连接界面两侧的物相，传递应力和温度等，构成复相耐火材料整体，复相界面结构如图 1-9 所示。

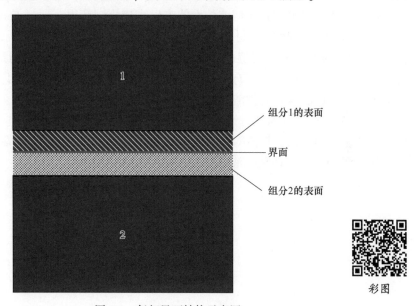

彩图

图 1-9　复相界面结构示意图

分子动力学研究复相材料界面，对材料的性能和特点提供关键性的参考依据，也是对理论计算和试验的有力补充。分子动力学对分子大小和形状、与其他分子的相互作用、压力下的行为及一种状态与另一种状态相比的相对频率进行定量预测，对化学、物理、材料及其他领域都是至关重要的。徐彬等人利用分子动力学方法研究 Si_3N_4 与 MgO 的界面结合情况，构建两者之间不同位向的界面模型，得到结合强度最高的界面。Gao Guilian 等人借助分子动力学方法研究 Si_3N_4 和石墨之间界面随温度变化的情况，分析界面键的键型、键弛豫及界面结合能等参数。王秋萍等人通过分子动力学方法研究界面层对复合材料力学性能的影响，动力学模拟后界面发生弛豫，界面两侧原子向界面中间移动，界面结合强度增加，材料的力学性能也得到提高。李喻琨等人对 Al_2O_3 和 TiC 界面的结合能和电子结构进行计算和分析，发现 $Al_2O_3(0\ 0\ 1)$ 面和 $TiC(1\ 0\ 0)$ 面最稳定，单层 O 原子的界面成键效果最好，界面处原子成键时的共价性增强。

钢包冶炼生产过程中，高温钢水是处在流动状态，这就不可避免地会造成对钢包内衬的冲刷作用，从而造成镁碳砖破损。特别是在二次精炼过程中，如 RH 炉外精炼工艺造成钢包内高温与钢水的剧烈搅动，加速侵蚀炉衬。另外，炉衬强大的压力、辐射等因素也会加快镁碳砖的破损。基于传热学原理，学者采用有限元法的数学算法，进行了理论计算，并运用 ANSYS 软件结合 FLUENT 软件，建立了三维渣线砖损毁模型，并对渣线砖损毁进行了模拟计算，为耐火材料的损毁机理提供理论支撑。

高温环境下耐火材料与熔渣的性能难以直接测试获得，通过 Factsage 等热化学模拟软件可以预测耐火材料与熔渣的性能，为进一步分析提供理论基础。Factsage 是冶金领域较为普遍的计算热力学数据的软件，它的计算原理基于系统的吉本斯自由能最小化，拥有 Equilb、Phase Diagram、EpH 等多个计算模块，是目前国际上公认的最好的炉渣数据库之一。Han Jinsung 等采用感应炉进行高温试验，结合 FactSage7.0 软件进行热力学计算，模拟了难熔渣-金属反应。试验发现由于炉渣黏度的降低，炉渣对镁质耐火材料的渗透深度随 CaF_2 含量的增加而增加，MgO 颗粒是动态地从熔渣/耐火材料界面分离出来的。

2 基质对镁质含碳耐火材料的性能研究

基质是耐火材料制品的骨料之间填充的结晶矿物或玻璃相。其质量占耐火材料总质量的30%左右，成分结构复杂，作用明显，往往对制品的某些性质有着决定性的影响。本章介绍了基质中含有 SiC、Ti_3AlC_2、BN 及其衍生物的新型镁质含碳耐火材料。

2.1 含 SiC 的镁质含碳耐火材料

高石墨含量的传统镁质含碳耐火材料在使用中出现了一些问题，如对钢水增碳、消耗石墨资源、加重温室效应及损耗热能等。镁质含碳耐火材料的低碳化，成为耐火材料领域及炼钢领域的研究重点之一。由于镁砂的线膨胀率较高，直接降低镁质含碳耐火材料中的碳含量，会导致耐火材料抗热震性的降低，使耐火材料在服役过程中易发生开裂剥落。因此，在低碳含量的前提下，制备一种满足使用要求的新型镁质含碳耐火材料具有重要的现实研究意义。

SiC 具有良好耐磨性、优异高温强度及耐侵蚀性，广泛应用于高温材料领域。SiC 作为一种常用的含碳耐火材料抗氧化剂，在镁质含碳耐火材料中的应用已有很长的历史，适当提高 SiC 在镁碳耐火材料中的占比，可以提升耐火材料的强度及抗热震性等性能。李君等人研究了 SiC 添加量对 MgO-SiC-C 复合材料的影响，发现随着原料中 SiC 含量（质量分数）由 5% 增加到 25%，材料的强度增加30%，抗热震性提升 200%。Raju 等人将质量分数 3% 的 SiC–石墨复合粉加入镁碳耐火材料中，耐火材料的常温耐压强度提高了 20%，高温抗折强度提高了35%，且高温抗折强度随着 SiC 在复合粉体中含量的增加而提高。与传统直接外加法相比，原位合成技术具有粒径小、热力学性质稳定、均匀分散及界面结合强度高的优点。

本节在镁碳体系内原位合成 SiC，制备 MgO-SiC-C 耐火材料，在降低镁质含碳耐火材料碳含量的条件下保持耐火材料良好的力学性能、热学性能、抗热震性。讨论不同碳源、成分配比及颗粒级配制度对 SiC 原位合成和 MgO-SiC-C 耐火材料性能的影响。具体分析了石墨和炭黑作为碳源对合成 SiC 含量和微观结构的影响，构建 SiC 晶须和 SiC 颗粒的生长机制模型；基于 Hasselman 热震稳定因子分析试样的抗热震性，通过热震后试样的微观结构分析裂纹的扩展路径，研究原料组成对耐火材料抗热震性的影响；在不改变硅粉和石墨占比的条件下，根据镁砂颗粒级配制度调控 MgO-SiC-C 耐火材料的力学性能和抗热震性；构建 MgO-SiC-C 耐火材料的组成、结构、性能的关联性及相应调控机制。

　　本节使用的原料为电熔镁砂、单质硅粉、鳞片石墨、炭黑及液态热固性酚醛树脂。石墨和炭黑的微观结构照片如图 2-1 所示，石墨由紧密连接的微米级鳞片层组成，炭黑由聚集的纳米级球状颗粒组成，他们的比表面积分别为 1.7 m^2/g 和 37.5 m^2/g，炭黑具有较小的粒径和较大的比表面积，因此炭黑的反应活性相比于石墨更高。原料中的单质硅粉的作用是合成 SiC 的硅源。本节的试验配方见表 2-1。试样 MG6 和 MC6 的原料仅碳源不同，分析碳源对 SiC 的合成和 MgO-SiC-C 耐火材料的影响。试样 MG2 到 MG8 中骨料的成分和含量相同，基质粉料的成分配比不同，分析不同成分配比对 SiC 的合成和 MgO-SiC-C 耐火材料的影响。试样 MP0 到 MP20 中硅粉和石墨的含量相同，镁砂粗骨料和镁砂细粉配比不同，分析不同颗粒级配制度对 SiC 的合成和 MgO-SiC-C 耐火材料的影响。此外，参照传统镁碳耐火材料和低碳镁碳耐火材料的配方，制备试样 MTG14 和 MTG6，作为对比组试样。

(a) 　　　　　　　　　　　　　　　　(b)

图 2-1　原料的微观结构照片

（a）鳞片石墨；（b）炭黑

彩图

表 2-1　MgO-SiC-C 试样的原料组成（质量分数）　　（%）

试样编号	电熔镁砂骨料 1~3 mm	电熔镁砂骨料 0~1 mm	电熔镁砂细粉	硅粉	石墨	炭黑	液态酚醛树脂
MC6	45.0	25.0	10.0	14.0	—	6.0	+5.0
MG2	45.0	25.0	23.3	4.7	2.0	—	+5.0
MG4	45.0	25.0	16.7	9.3	4.0	—	+5.0
MG6	45.0	25.0	10.0	14.0	6.0	—	+5.0
MG8	45.0	25.0	3.3	18.7	8.0	—	+5.0

试样编号	电熔镁砂骨料 1~3 mm	电熔镁砂骨料 0~1 mm	电熔镁砂细粉	硅粉	石墨	炭黑	液态酚醛树脂
MTG6	45.0	25.0	21.0	3.0	6.0	—	+5.0
MTG14	45.0	25.0	13.0	3.0	14.0	—	+5.0
MP0	60.0	20.0	0.0	14.0	6.0	—	+5.0
MP5	55.0	20.0	5.0	14.0	6.0	—	+5.0
MP10	50.0	20.0	10.0	14.0	6.0	—	+5.0
MP20	40.0	20.0	20.0	14.0	6.0	—	+5.0

　　按照试验配方将粒度分级为 1~3 mm 和 0~1 mm 的电熔镁砂骨料加入混碾机中，在 100 r/min 混碾速度下干混 20 min。将液态酚醛树脂加入混碾机中，继续混碾 20 min，使酚醛树脂包裹着镁砂骨料。将电熔镁砂细粉、单质硅粉、石墨或炭黑等粉料在滚筒中干混 30 min，加入混碾机中，继续混碾 20 min。将混匀料在 200 MPa 压力下压制成型，制成 ϕ36 mm × 36 mm 的圆柱形坯料和 40 mm × 40 mm × 160 mm 的条形坯料，然后在 200 ℃ 下固化 24 h 得到坯料。埋碳条件下，试样在 1600 ℃ 保温 3 h，升温制度为 5 ℃/min 从室温到 1000 ℃，4 ℃/min 从 1000 ℃ 到 1300 ℃，3 ℃/min 从 1300 ℃ 到 1600 ℃，随炉冷却，制得 MgO-SiC-C 耐火材料试样，进行后续检验。镁碳耐火材料试样 MTG14 和低碳镁碳耐火材料试样 MTG6，成型后经 200 ℃ 条件下固化 24 h。为模拟实际高温使用环境，对试样 MTG14 和 MTG6 进行埋碳热处理，热处理温度 1600 ℃，保温 3 h。

　　本节通过 XRD 进行试样的物相分析，利用 Rietveld 方法进行半定量分析物相组成。用 HSC chemistry 软件计算反应的标准吉布斯自由能（$\Delta G^{\ominus}$），进行热力学分析。通过 SEM 观察试样的微观结构，利用 EDS 进行物质元素组成分析。通过显气孔率和体积密度表征试样的结构性能。通过常温耐压强度、断裂韧性及弹性模量表征试样的力学性能。通过线膨胀系数和导热系数评价试样的热学性能。通过热震试验后的残余耐压强度、残余耐压强度比、试样热震后在扫描电镜下的裂纹扩展路径及抗热震稳定因子评价试样的抗热震性。对于不同碳源的试样，分别进行 1 次、3 次、5 次热震试验，评价试样的抗热震性和耐用性。分别测试镁碳耐火材料试样 MTG14 和低碳镁碳耐火材料试样 MTG6 在 200 ℃ 固化 24 h 处理后和埋碳 1600 ℃ 热处理 3 h 后的结构性能、力学性能、热学性能及抗热震性作为对比分析。

2.1.1 碳源对 MgO-SiC-C 耐火材料的影响

2.1.1.1 物相组成

为分析不同碳源对合成 SiC 的影响，进行 XRD 分析，结果如图 2-2 所示。在

图 2-2（a）中，各配方的 XRD 图谱中都存在方镁石和 SiC 的特征峰，其中 SiC 的晶型为 3C-SiC，其晶系属立方晶系。在各组试样中都观察不到单质 Si 的特征峰，说明原料中的单质硅粉已经充分参与反应。此外，在石墨碳源试样 MG6 中还能观察到石墨的特征峰。由于炭黑为非晶相，结晶度较低，且反应活度高，合成 SiC 后残余量很少，在炭黑碳源试样 MC6 的 XRD 图谱中已经观察不到炭黑的特征峰。为分析试样的物相组成，使用 Rietveld 方法半定量计算各相含量如图 2-2（b）所示。所有试样的单质碳含量（质量分数）均小于 3%，较低的单质碳含量能够减少冶炼过程中对钢水的增碳。试样 MC6 的 SiC 含量稍多于试样 MG6，是因为炭黑比鳞片石墨具有更大的比表面积和更高的反应活性。炭黑是无定形碳，可

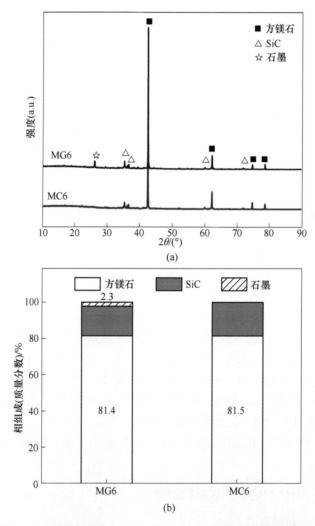

彩图

图 2-2 不同碳源制备的 MgO-SiC-C 耐火材料试样物相分析结果

（a）各试样的 XRD 图谱；（b）各试样的组成含量

以在不破坏炭黑原始键的情况下直接合成 SiC，而鳞片石墨具有固定的晶体结构，合成 SiC 需要打破原有的键及更多的能量，因此炭黑更容易与 Si 反应合成 SiC，SiC 的合成率也更高。

为分析反应发生的过程，进行热力学分析，结果如图 2-3 所示。热力学是从能量转化的角度来研究物质的热性质，揭示能量从一种形式转换为另一种形式的宏观规律。本节的热力学分析考虑原料发生的主要反应，暂不考虑原料中存在的少量杂质及外来气相的参与。受原料组成的影响，制备 MgO-SiC-C 耐火材料的过程中主要发生的化学反应是硅与碳直接反应合成 SiC 见反应式（2-1）和反应式（2-2）。在烧结温度下，Si 和 C 直接反应合成 SiC 的 $\Delta G^{\ominus}$ 为负值如图 2-3（a）所示，说明这些反应按照反应式由左到右自发进行（以 Si 和 C 为反应物，SiC 为生成物）。由于从室温到热处理温度，反应式（2-3）~式（2-6）的 $\Delta G^{\ominus}$ 均为正值，如图 2-3（b）所示，说明这些反应不能自发向右发生（以 MgO 和 SiC 或 Si 或 C 为反应物的反应），因此在热处理温度范围内 MgO 不与系统中的其他相（Si、C 及 SiC）反应。上述热力学分析表明，以方镁石、单质硅及单质碳（石墨或炭黑）为原料可以在热处理条件下合成 SiC，制备 MgO-SiC-C 耐火材料，且 MgO-SiC-C 耐火材料体系是稳定存在的。

$$Si(s) + C(s) = SiC(s), \quad \Delta G^{\ominus} = -63746 + 7.15T \ (T \leqslant 1685.15 \ K)$$
$$(2-1)$$

$$Si(l) + C(s) = SiC(s), \quad \Delta G^{\ominus} = -114400 + 37.20T \ (T \geqslant 1685.15 \ K)$$
$$(2-2)$$

$$MgO(s) + C(s) = Mg(g) + CO(g), \quad \Delta G^{\ominus} = 600020 - 279.49T \quad (2-3)$$

$$MgO(s) + Si(s) = Mg(g) + SiO(g), \quad \Delta G^{\ominus} = 642918 - 298.56T$$
$$(T \leqslant 1685.15 \ K) \quad (2-4)$$

$$MgO(s) + Si(l) = Mg(g) + SiO(g), \quad \Delta G^{\ominus} = 567033 - 250.93T$$
$$(T \geqslant 1685.15 \ K) \quad (2-5)$$

$$MgO(s) + SiC(s) = SiO(g) + Mg(g) + CO(g), \quad \Delta G^{\ominus} = 1340700 - 600T$$
$$(2-6)$$

2.1.1.2 微观结构

利用扫描电镜观察不同碳源制备的 MgO-SiC-C 耐火材料试样断口表面的显微结构，如图 2-4 所示。利用 EDS 对图中的微区进行元素分析，结果见表 2-2。在石墨碳源试样 MG6 的微观结构照片［见图 2-4（a）和（b）］中，浅色块状物质是方镁石，黑色片状物质为石墨，在它们之间还存在一些晶须状的物质为 SiC，SiC 晶须是沿（1 1 1）晶面生长的纳米级至微米级的一种特殊短纤维状晶体。在炭黑碳源试样 MC6 的微观结构照片［见图 2-4（c）］中，方镁石是浅色块状物质，深色的圆球状颗粒为炭黑，放大倍数观察试样 MC6 的微观结构［见图 2-4（d）］

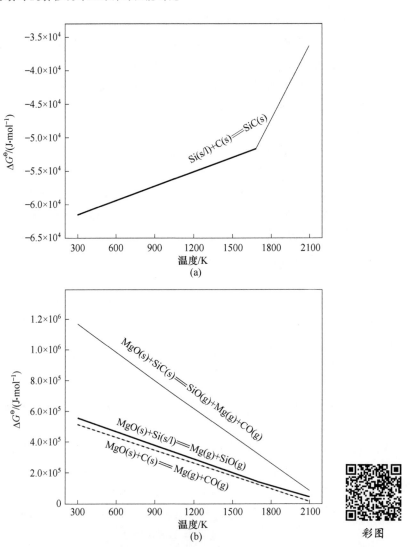

图 2-3　$\Delta G^{\ominus}$ 和温度的关系

（a）反应式（2-1）和式（2-2）；（b）反应式（2-3）~式（2-6）

可见一些晶须状的 SiC。对［见图 2-4（d）］中点 7 进行 EDS 分析，主要成分为硅元素和碳元素，比例接近 1：1，说明在以炭黑为碳源的试样中不仅有晶须结构的 SiC 还有颗粒结构的 SiC。

　　相对于圆球状的炭黑，颗粒状的 SiC 表面不光滑，有向外放射生长的趋势。两个试样的 SiC 晶须微观结构存在较大区别，在石墨碳源试样中晶须较长，在成核后基本沿着某一方向固定生长。在炭黑碳源试样中晶须较短、数量较多、分布密集，其生成的 SiC 晶须直径小于石墨组试样生成的，这与炭黑具有较小的粒度

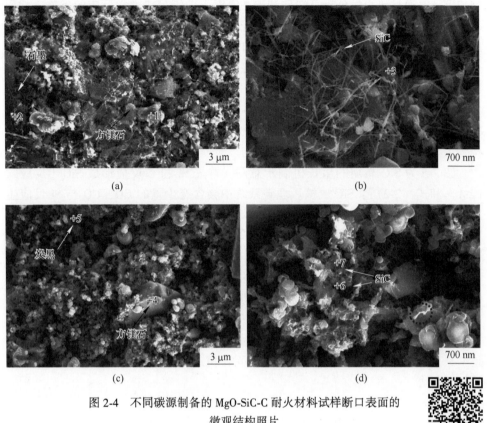

图 2-4　不同碳源制备的 MgO-SiC-C 耐火材料试样断口表面的
微观结构照片

（a）（b）试样 MG6；（c）（d）试样 MC6

彩图

表 2-2　图 2-4 中所标注点的 EDS 分析结果

点	元素的原子数分数/%			
	Mg	O	Si	C
1	51.79	46.92	0.51	0.78
2	0.16	0.64	1.05	98.15
3	0.39	0.23	48.66	50.72
4	49.64	49.26	0.39	0.71
5	0.81	0.69	0.94	97.56
6	0.50	0.49	42.86	56.15
7	0.57	0.64	46.02	52.77

有关。在高倍数的扫描电镜照片下［见图 2-4（b）（d）］可见 SiC 晶须上存在一
些液滴，体系中可以在热处理温度范围内出现液相的物质为单质硅（熔点为

1412 ℃）。通过热力学分析可知硅和碳在室温下即满足热力学反应的条件，然而自然界中很少有天然的 SiC 存在，这是受反应动力学条件限制，两者在室温下反应速度很慢。SiC 的合成通过外加热源和液相烧结参与，加快了反应速度。原位合成的 SiC 与体系内方镁石和碳结合较好，且分布均匀。

2.1.1.3　SiC 的生长机制

经过物相分析和微观结构分析可知 MgO-SiC-C 耐火材料中的 SiC 有两种形貌，在石墨碳源试样 MG6 中以晶须结构为主，在炭黑碳源试样 MC6 中以颗粒结构为主。

图 2-5 为 SiC 晶须的生长机制示意图。首先 Si 和 C 反应形成 SiC ［反应式（2-1）和式（2-2）］，SiC 成核。埋碳系统中会含有少量的 CO，CO 与 Si 反应生成 SiC 和 SiO ［反应式（2-7）和式（2-8）］，然后 SiO 与 C 反应生成 SiC 和 CO ［反应式（2-9）］，上述过程重复进行，SiC 晶须不断生长，随着 SiC 晶须继续生长，相互交叉形成网状结构。CO 和 SiO 作为气体介质循环参与反应，气体的分子运动速度高于固体的分子运动速度，有气相的参与能够加快反应速度。图 2-4（b）（d）中 SiC 晶须顶部或转折处出现的液滴，说明系统中存在液相，由于硅的熔点为 1412 ℃，低于热处理温度（1600 ℃），能够转变为液相，液相的存在缩短了各物质间的距离，也可以加快反应速度。因此，本试验条件下 SiC 晶须的生长机制是 V-S（气–固）机制和 V-L-S（气–液–固）机制，SiC 晶须的制备方法属于化学气相沉积法。

$$2Si(s) + CO(g) = SiC(s) + SiO(g) \tag{2-7}$$

$$2Si(l) + CO(g) = SiC(s) + SiO(g) \tag{2-8}$$

$$2C(s) + SiO(g) = SiC(s) + CO(g) \tag{2-9}$$

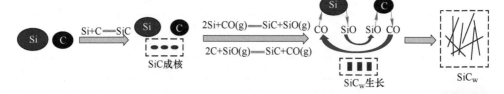

图 2-5　SiC 晶须的生长机制示意图

彩图

图 2-6 为 SiC 颗粒的生长机制示意图，当 Si 或者 SiO 气相与炭黑在高温接触时，主要发生的反应是反应式（2-1）、反应式（2-2）和反应式（2-9），形成 SiC，由于炭黑表面的碳原子各向同性，各个方向的反应活性及反应速率相等，从而形成外层向内层的逐步反应，最终完全转变为 SiC 颗粒。廖宁等人利用单质硅和炭黑制备 SiC，发现在炭黑边缘出现碳的有序化排列现象，高温下炭黑与含硅气相物质反应生成内层为炭黑外层为 SiC 的结构，随着

进一步反应最终完全成为 SiC 颗粒。综上所述,本试验条件下 SiC 颗粒的生长机制为 SiC-C"核-壳"机制。

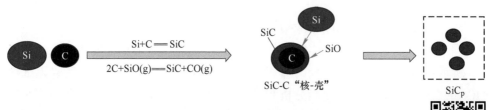

$Si+C \Longrightarrow SiC$

$2C+SiO(g) \Longrightarrow SiC+CO(g)$

SiC-C"核-壳"

SiC_p

图 2-6 SiC 颗粒的生长机制示意图

彩图

对于 SiC 晶须,原子最紧密的排列方向是沿(111)晶面方向,在晶核形成后,晶体沿(111)晶面生长所需要的能量最低,当环境提供的能量高于沿(111)面生长所需要的最低能量,并且低于允许晶须生长的最大临界能,晶核将只沿(111)方向生长而生成晶须。图 2-7 为石墨和炭黑的晶体结构,石墨是原子晶体、金属晶体和分子晶体之间的一种过渡型晶体,属六方晶系,具有完整的层状解理,有固定的晶型,各个晶面的活性不同,更利于形成晶须结构的 SiC。如果环境提供的能量高于最大临界能,晶核将向不同方向生长而形成 SiC 颗粒结构。炭黑与 Si 反应形成 SiC 的基底反应体系能量高于石墨与 Si 的反应能量,形成的能量波动超过晶须生长的最大临界能,且由于炭黑是无定形碳,在四周形成 SiC 的取向一致,更利于形成颗粒结构 SiC,也有部分炭黑获得体系中的氧形成 CO,与 Si 或 SiC 反应,按照 SiC 晶须模式生长。SiC 晶须不仅具备 SiC 物质的优异性能还有晶须结构,晶须之间相互交错形成网状结构,

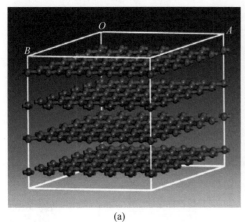

(a)

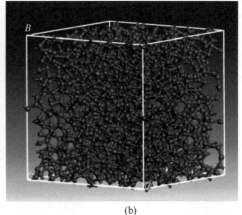

(b)

图 2-7 晶体结构图

(a) 石墨;(b) 炭黑

彩图

利于吸收温度变化产生的热应力,降低热应力在耐火材料中的宏观分布,有利于提高耐火材料的抗热震性等性能。因此,后续的研究以石墨作为碳源制备 MgO-SiC-C 耐火材料。

2.1.1.4 显气孔率和体积密度

不同碳源制备的 MgO-SiC-C 耐火材料试样显气孔率和体积密度的结果,如图 2-8 所示。石墨碳源试样 MG6 的体积密度为 2.84 g/cm³,稍高于炭黑碳源试样 MC6 的 2.82 g/cm³。根据物相分析和微观结构分析,试样 MC6 中形成了更多 SiC,陶瓷相的形成产生了部分体积膨胀,因此试样 MC6 的体积密度小于试样 MG6。炭黑碳源试样 MC6 的显气孔率 (12.6%) 高于石墨碳源试样 MG6 (12.3%),是因为炭黑的反应活性高于石墨,更多与硅粉参与化学反应形成 SiC,在试样 MC6 的 XRD

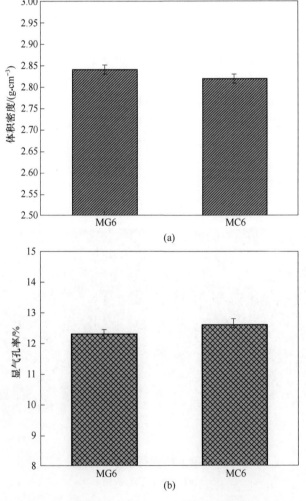

彩图

图 2-8 不同碳源制备的 MgO-SiC-C 耐火材料试样的体积密度 (a) 和显气孔率 (b)

图谱中已检验不到炭黑，炭黑的缺失使试样 MC6 的显气孔率较大。综上所述，石墨碳源试样相比于炭黑试样具有更高的体积密度、更低的显气孔率。

2.1.1.5　力学性能

通过常温耐压强度评价不同碳源制备的 MgO-SiC-C 耐火材料试样的力学性能，结果如图 2-9 所示。石墨碳源试样 MG6 的常温耐压强度为 50.8 MPa，低于炭黑碳源试样 MC6 的 51.5 MPa。通常，试样的常温耐压强度与其体积密度和显气孔率有关，体积密度越大，显气孔率越低，其常温耐压强度越高，然而本节的常温耐压强度结果与这一规律相反，是因为耐火材料的常温耐压强度受材料成分组成影响也很大。试样 MG6 中 SiC 含量相比试样 MC6 偏低，SiC 作为陶瓷相可以增强耐火材料中各相之间的结合力，且 SiC 具有优异的力学强度，因此提高了耐火材料试样 MC6 的常温耐压强度。

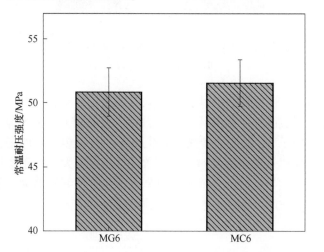

彩图

图 2-9　不同碳源制备的 MgO-SiC-C 耐火材料试样的常温耐压强度

2.1.1.6　抗热震性

对不同碳源制备的 MgO-SiC-C 耐火材料试样分别进行 1 次、3 次、5 次热震试验，记录热震后试样的残余耐压强度 CCS_{TS}，并计算残余耐压强度比 δ，结果如图 2-10 所示。在 1 次热震后，石墨碳源试样 MG6 的 CCS_{TS} 是 44.3 MPa，低于炭黑碳源试样 MC6 的 46.7 MPa。而在 3 次热震后，试样 MG6 的 CCS_{TS} 是 41.8 MPa，高于试样 MC6 的 40.3 MPa。在 5 次热震后，试样 MG6 的残余强度比试样 MC6 高 1.8 MPa。两者热震后的残余耐压强度比与热震后试样的残余耐压强度变化规律一致。在 1 次热震后，试样 MC6 的 δ 高于试样 MG6，在 3 次及以上热震试验以后试样 MC6 的 δ 低于试样 MG6，说明试样 MC6 的初始抗热震效果较好，然而随着热震次数的增加，试样 MG6 更能经受住多次热震，保持服役要求的强度等性能。综上所述，石墨碳源试样的抗热震性更好。

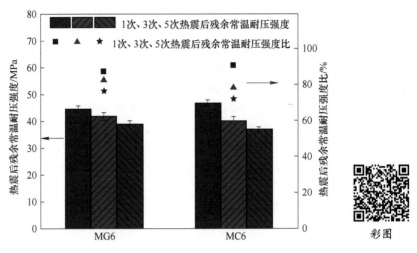

图 2-10　不同碳源制备的 MgO-SiC-C 耐火材料试样多次热震后的常温耐压强度和残余常温耐压强度比

根据 Hasselman 的热震稳定因子 R'_{st}[式（2-10）]，提高材料的热导率和断裂表面能，降低材料线膨胀系数和弹性模量，可以提高材料的抗热震性。且在这 4 个影响热震稳定因子 R'_{st} 数值的参数中，线膨胀系数和热导率的指数绝对值大于断裂表面能和弹性模量的指数绝对值，对 R'_{st} 的影响更大。由于电熔镁砂的平均线膨胀系数较高、热导率较低，而 SiC 和单质碳的平均线膨胀系数较低、热导率较高，因此在 MgO-SiC-C 耐火材料中提高抗热震性的有益组分为 SiC 和碳。

$$R'_{st} = \lambda \sqrt{\frac{G}{\alpha^2 E}} \tag{2-10}$$

式中　R'_{st}——抗热震稳定因子；

λ——热导率；

G——断裂表面能；

α——线膨胀系数；

E——弹性模量。

试样 MG6 和 MC6 的主要区别是原料中碳源不同及反应生成 SiC 的含量和微观结构不同。试样 MG6 中的碳主要为残余石墨，试样 MC6 中的碳为含量很少的残余炭黑，试样 MG6 中 SiC 的微观结构为较长的晶须，试样 MC6 中 SiC 的微观结构为颗粒和较短的晶须，且 SiC 含量稍多于试样 MG6。炭黑为纳米级碳素，石墨为微米级碳素，炭黑的反应活性高于石墨，推断试样 MC6 中炭黑生成的 SiC 反应活性高于试样 MG6。随着热震次数的增加，试样 MC6 中提升抗热震性的有益组分炭黑和 SiC 的反应活性很高，消耗得很快，其抗热震性在 3 次之后差于试样 MG6。如使用试样 MC6 作为 LF 钢包渣线用耐火材料，为维持其较好的使用性能，需要频繁更换耐火材料或补修耐火材料，严重影响生产效率，且炭黑的单价（约 7000 元/t）高于石墨（约 4000 元/t），耐火材料的制备成本更高。

综上所述，以石墨为碳源形成的 MgO-SiC-C 耐火材料的抗热震性、耐用性、经济效益更好。

2.1.2 成分配比对 MgO-SiC-C 耐火材料的影响

2.1.2.1 物相组成

为分析不同成分配比对合成 SiC 的影响，进行 XRD 分析，结果如图 2-11 所示。

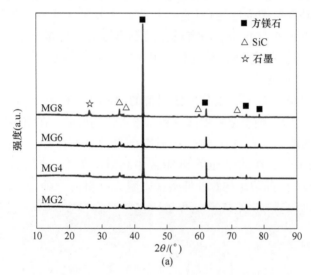

(a)

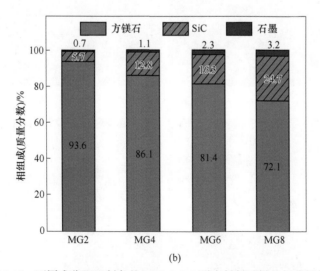

(b)

彩图

图 2-11 不同成分配比制备的 MgO-SiC-C 耐火材料试样的相分析结果

(a) 各试样的 XRD 图谱；(b) 各试样的组成含量

各配方的 XRD 图谱中都有方镁石、SiC 及石墨的特征峰。随着原料中硅粉和石墨含量的增加，XRD 图谱中方镁石的特征峰强度逐渐减弱，SiC 和石墨的特征峰逐渐增强。为分析试样的物相组成，使用 Rietveld 方法半定量计算各相含量，如图 2-11（b）所示。随着原料中硅粉和石墨含量的增加，SiC 含量（质量分数）由 5.7% 增加到 24.7%。在各组试样中都观察不到 Si 的特征峰，说明原料中的单质硅粉已充分反应。根据 Rietveld 方法分析得到的石墨残余量与石墨添加量的比值计算各试样中残余碳含量（质量分数）占比，为 27.5%~40%。试验配方中的硅粉和石墨配比按照 SiC 中硅和碳的分子量占比进行配置，说明体系中的酚醛树脂的残碳或埋碳气氛中少量的 CO 充当部分碳源参与合成 SiC 的反应，或被还原成为碳单质留在耐火材料中。所有试样的石墨含量（质量分数）均小于 3.5%，较低的单质碳含量可以减少冶炼过程中耐火材料对钢水增碳。

2.1.2.2 微观结构

利用扫描电镜观察不同成分配比制备的 MgO-SiC-C 耐火材料试样的显微结构，如图 2-12 所示。随着原料中硅粉和石墨占比的增加，在扫描电镜照片中也观察到 SiC 晶须的增多。在试样 MG2 中只有少量的晶须存在，且长度很短。在试样 MG4 中晶须增长，在试样 MG6 和 MG8 中晶须长度进一步增加，且相互交叉形成网状结构。SiC 的晶须结构弥补低碳镁碳耐火材料由于碳含量较少无法在基质

(a)　　　　　　　　　　　　　　　(b)

(c)　　　　　　　　　　　　　　　(d)

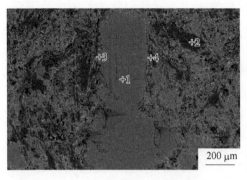

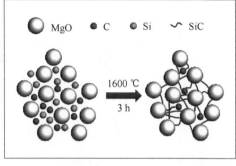

(e)   (f)

图 2-12　不同成分配比制备的 MgO-SiC-C 耐火材料试样的微观结构照片

(a) 试样 MG2 的断口表面；(b) 试样 MG4 的断口表面；(c) 试样 MG6 的断口表面；

(d) 试样 MG8 的断口表面；(e) 试样 MG6 的抛光表面；

(f) MgO-SiC-C 耐火材料示意图   彩图

中形成连续的相态，从而导致不均匀地分散及不能形成完整碳网络的问题。
MgO-SiC-C 耐火材料中的 SiC 与碳构成陶瓷相结合碳网络，利于提升耐火材料的
性能。通过表 2-3 的 EDS 分析，在试样 MG6 的抛光表面中，镁质骨料是浅色块
状，在基质中浅色物质以镁砂细粉为主，基质中的黑色物质为石墨和其他粉料的
混合物，在镁砂骨料的周围进行微区能谱分析，硅和碳的原子比接近 1∶1，表
示该位置含有 SiC，SiC 作为桥梁加强了方镁石与石墨的联系，强化复相耐火材
料，如图 2-12 (f) 所示。

表 2-3　图 2-12 中所标注点的 EDS 分析结果

点	元素的原子数分数/%			
	Mg	O	Si	C
1	49.64	49.8	0.35	0.21
2	1.47	2.13	1.72	94.68
3	5.66	4.29	42.32	47.73
4	3.03	2.57	44.61	49.79

2.1.2.3　显气孔率和体积密度

不同成分配比制备的 MgO-SiC-C 耐火材料试样显气孔率和体积密度的结果，
如图 2-13 所示。体积密度最大的是试样 MG2 (2.92 g/cm³)，体积密度最小的是
试样 MG8 (2.80 g/cm³)。体积密度随试样原料中硅粉和石墨的增多而逐渐降低，
这是因为镁砂细粉的密度为 2.20 g/cm³，硅粉密度为 2.33 g/cm³，石墨粉的密度
为 0.45 g/cm³，根据原料配比，硅粉和石墨的混合密度为 1.77 g/cm³，低于镁砂

细粉的密度，因此镁砂细粉质量分数的减少导致耐火材料制品体积密度的下降。显气孔率的变化趋势与体积密度相反，试样 MG2 具有最小的显气孔率（9.8%），试样 MG8 具有最大的显气孔率（13.7%）。本试验发生原位合成反应，主要是硅粉和石墨参与反应，随着硅粉和石墨在原料中占比的增加，体系内合成了更多的SiC，相应地也消耗更多的硅粉和石墨原料，形成较多的空位和气孔，所以显气孔率随着原料中硅粉和石墨含量的增加而减少。

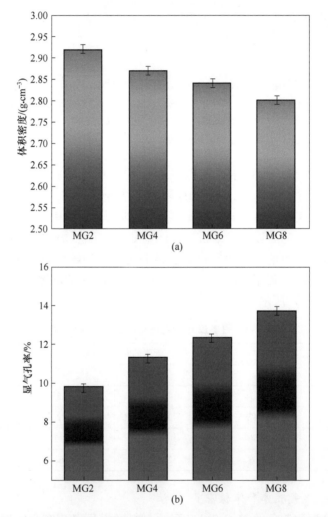

彩图

图 2-13 不同成分配比制备的 MgO-SiC-C 耐火材料试样的结构性能
（a）体积密度；（b）显气孔率

对镁碳耐火材料试样 MTG14 和低碳镁碳耐火材料试样 MTG6 进行体积密度和显气孔率的测试，结果见表 2-4。试样 MTG14 和 MTG6 经 200 ℃固化处理后的体积密度均高于 1600 ℃埋碳处理的结果，显气孔均低于 1600 ℃埋碳处理的结果。尽管镁碳耐火材料为免烧砖，但实际使用环境为高温条件，因此评估 1600 ℃埋碳处理后试样的性能更具有参考意义。MgO-SiC-C 耐火材料试样 MG2、MG4 及 MG6 的体积密度均高于镁碳耐火材料试样 MTG14，显气孔率均低于试样 MTG14，其中试样 MG2 和 MG4 的显气孔率还低于低碳镁碳耐火材料试样 MTG6。MgO-SiC-C 耐火材料试样 MG2、MG4 及 MG6 的显气孔率和体积密度满足 LF 钢包渣线用耐火材料的要求。

表 2-4　MTG6 和 MTG14 试样的体积密度和显气孔率

试 样	热处理温度/℃	体积密度/(g·cm⁻³)	显气孔率/%
MTG6	200	2.95±0.02	7.7±0.2
	1600	2.93±0.01	11.6±0.1
MTG14	200	2.85±0.01	8.8±0.1
	1600	2.81±0.01	13.4±0.3

2.1.2.4　力学性能

通过常温耐压强度、弹性模量、断裂韧性评价不同成分配比制备的 MgO-SiC-C 耐火材料试样的力学性能，结果如图 2-14 所示。随着原料中硅粉和石墨占比的增加，试样的常温耐压强度先增加后下降，最高值出现在试样 MG6（50.8 MPa）。对比组中镁碳耐火材料试样 MTG14 和低碳镁碳耐火材料试样 MTG6 经 1600 ℃埋碳处理后的常温耐压强度分别为 49.6 MPa 和 42.3 MPa。本节中 MgO-SiC-C 耐火材料试样的常温耐压强度均高于试样 MTG14，试样 MG6 的常温耐压强度比试样 MTG14 高 20.1%，比试样 MTG6 高 2.4%。MgO-SiC-C 耐火材料试样常温耐压强度的提高与 MgO-SiC-C 耐火材料中原位合成 SiC 有关。通过微观结构分析发现 SiC 均匀分布在耐火材料基质中，增加各相之间的连接作用，SiC 晶须还起到增强增韧的作用，提升材料的力学性能。在耐火材料的气孔率相对较低时，少量的气孔可以减少应力集中，在裂纹扩展时可以延长裂纹扩展的路径。然而，当气孔率增大到一定程度，小气孔合并形成大气孔，分布相对集中，当受力时有效承载面积降低，材料的常温耐压强度下降。弹性模量是衡量物体抵抗弹性变形能力大小的尺度，是原子、离子或分子之间键合强度的反映。SiC 作为一种陶瓷相，具有较大的弹性模量，随着体系内 SiC 的增加，试样的弹性模量逐步增长，试样 MG2 的弹性模量最低为 50.3 GPa，试样 MG8 的弹性模量最高为 57.3 GPa，增长 13.9%。断裂韧性表征材料阻止裂纹扩展的能力，试样中有裂纹或类裂纹缺陷情形下以其为起点不再随着载荷增加而快速断裂，即不稳定断裂时材料的阻抗值。本试验中断裂韧性由试样 MG2 的 2.15 MPa·m$^{1/2}$ 增加到试样 MG6 的 2.86 MPa·m$^{1/2}$，然后略微下降。SiC 的原位合成促进体系中各物质的结合，SiC 具有提高体系断裂韧性的作用。随着 SiC 合成量的增加，体系内显气孔率增加，试样 MG2 到 MG6 断裂韧性的增长速率降低，在 SiC 和显气孔率的双重作用下试样 MG8 的断裂韧性下降。因此试样 MG6 的综合力学性能最优。

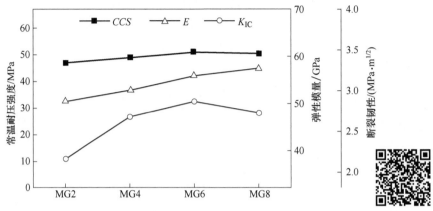

图 2-14   不同成分配比制备的 MgO-SiC-C 耐火材料试样的力学性能　　彩图

2.1.2.5　热学性能

通过线膨胀系数、热导率评价不同成分配比制备的 MgO-SiC-C 耐火材料试样的热学性能，结果如图 2-15 所示。耐火材料的线膨胀性取决于其化学组成、矿物组成及微观结构，同时也随温度区间的变化而不同。随着原料中硅粉和石墨的增加，试样的线膨胀系数下降，平均线膨胀系数最高的为试样 MG2（9.23×10^{-6} ℃$^{-1}$），最低的为试样 MG8（7.31×10^{-6} ℃$^{-1}$）。线膨胀性是耐火材料随着温度升高体积或长度增大的性能，材料的热膨胀性与其结构和键强度密切相关，SiC 的键强度较高，具有很低的线膨胀系数，镁砂中的氧化镁属于氧离子紧密堆积结构的氧化物，其线膨胀系数较大。因此，随着合成的 SiC 含量增加，试样的线膨胀系数下降。热导率是指单位时间内在单位温度梯度下沿热流方向通过材料单位面积传递的热量。随着原料中硅粉和石墨含量的增加，试样的热导率增加。材料的热导率与其化学组成、矿物组成、显气孔率、微观组织结构有密切的关系。SiC 相对镁砂的热导率较高，促进体系的热导率增加，而 SiC 合成又使显气孔率增加，气孔结构具有优良的保温隔热作用，促进体系的热导率下降，因此在 SiC 和显气孔率的双重作用下试样热导率的增长速率下降。热导率最高的为试样 MG8［6.74 W/(m·K)］，比镁碳耐火材料试样 MTG14 的热导率［8.16 W/(m·K)］低 17.4%，MgO-SiC-C 耐火材料相对传统镁碳耐火材料减少热能损耗。

2.1.2.6　抗热震性

对不同成分配比制备的 MgO-SiC-C 耐火材料试样进行 3 次热震试验后检验其残余耐压强度 CCS_{TS} 和残余耐压强度比 δ，结果如图 2-16 所示。CCS_{TS} 和 δ 是评价

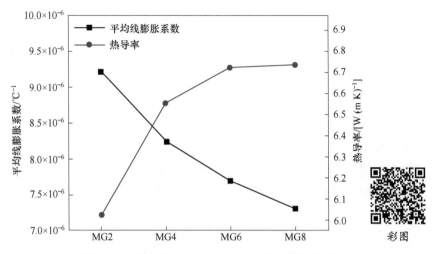

图 2-15 不同成分配比制备的 MgO-SiC-C 耐火材料试样的热学性能

耐火材料抗热震性的常用指标。随着原料中硅粉和石墨的增加，试样的 CCS_{TS} 和 δ 均呈先增加后下降的趋势。试样 MG2 具有最低的 CCS_{TS} 和 δ，其值分别为 33.4 MPa 和 71.37%。CCS_{TS} 和 δ 在试样 MG6 得到最高值，分别为 41.8 MPa 和 82.28%，与试样 MG2 相比热震后残余强度比提升了 10.92%。对镁碳耐火材料试样 MTG14 和低碳镁碳耐火材料试样 MTG6 也进行热震试验，结果见表 2-5。MgO-SiC-C 耐火材料试样 MG6 的 CCS_{TS} 和 δ 均高于试样 MTG6，其中 δ 比试样 MTG6 高 16.15%，说明含有原位合成 SiC 基质的 MgO-SiC-C 耐火材料试样其抗热震性优于低碳镁碳耐火材料。试样 MG4、MG6 和 MG8 的 CCS_{TS} 高于试样 MTG14，说明 SiC

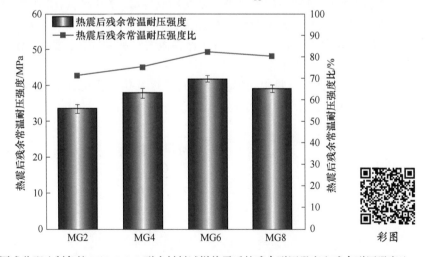

图 2-16 不同成分配比制备的 MgO-SiC-C 耐火材料试样热震后的残余耐压强度和残余耐压强度比

表 2-5 试样 MTG6 和 MTG14 热震后的残余耐压强度和残余耐压强度比

试 样	残余耐压强度/MPa	残余耐压强度比/%
MTG6	32.8±1.0	66.13
MTG14	36.4±1.2	86.05

提高试样的残余耐压强度，在热震后仍保持较好残余耐压强度，保证试样的耐用性。含原位合成 SiC 基质的 MgO-SiC-C 耐火材料的抗热震性与传统镁碳耐火材料持平，优于低碳镁碳耐火材料。

为分析不同因素对材料抗热震的影响，最早在 20 世纪 50 年代，Kingery 提出第一、第二、第三抗热震稳定因子（R、R' 和 R''）。

$$R = \frac{\sigma_f(1-v)}{\alpha E} \tag{2-11}$$

$$R' = \frac{\sigma_f(1-v)\lambda}{\alpha E} \tag{2-12}$$

$$R'' = \frac{\sigma_f(1-v)a}{\alpha E} \tag{2-13}$$

式中　σ_f——拉伸强度；

　　　v——泊松比；

　　　α——线膨胀系数；

　　　E——弹性模量；

　　　λ——热导率；

　　　a——热扩散系数。

R、R' 和 R'' 分别适用于材料急剧受热或冷却、缓慢受热或冷却、恒速受热或冷却的情况。上述三个因子针对初始无任何损伤的材料（无气孔、无裂纹）抵抗裂纹萌芽的能力，而耐火材料一般存在微裂纹和微气孔，因此上述三个因子不适于耐火材料抗热震性的评价。

Hasselman 针对材料中初始微裂纹的长短及热冲击的苛刻程度，他提出四个抗热震稳定因子（R'''、R''''、R_{st} 和 R'_{st}）。

$$R''' = \frac{E}{\sigma_f^2(1-v)} \tag{2-14}$$

$$R'''' = \frac{GE}{\sigma_f^2(1-v)} \tag{2-15}$$

$$R_{st} = \sqrt{\frac{G}{\alpha^2 E}} \tag{2-16}$$

$$G = \frac{K_{IC}^2}{E} \tag{2-17}$$

式中 K_{IC} ——断裂韧性。

将式（2-17）代入式（2-10），可以得到。

$$R'_{st} = \frac{\lambda K_{IC}}{\alpha E} \tag{2-18}$$

R''' 和 R'''' 适用于具有初始短裂纹的材料。R''' 只考虑材料的弹性应变能，主要用来分析具有相同断裂表面能的材料；R'''' 同时考虑材料的弹性应变能和断裂表面能，用来分析具有不同断裂表面能的材料。对于高强度结构陶瓷和玻璃，在快速冷却和快速加热的条件下，它们的强度会急剧下降，甚至导致灾难性的破坏，这是一种动态裂纹扩展情况，用抗热震稳定因子 R''' 和 R'''' 来分析。R_{st} 和 R'_{st} 适用于具有初始长裂纹的材料。对于耐火材料而言，强度的降低通常是准静态的，取决于温度梯度的变化，可以用 Hasselman 热震稳定因子 R_{st} 和 R'_{st} 来分析。R'_{st} 还考虑了热导率对材料裂纹扩展的影响，因此对于耐火材料的评价更为准确。

不同成分配比制备的 MgO-SiC-C 耐火材料试样的抗热震稳定性因子 R'_{st} 的计算结果，如图 2-17 所示。随着原料中硅粉和石墨含量的增加，抗热震稳定性因子先增加后下降，在试样 MG6 达到峰值，这与试样热震后的残余耐压强度和残余耐压强度比的变化规律一致。根据抗热震稳定因子 R'_{st} ［式（2-18）］，材料抵抗热震的能力受材料的热导率、弹性模量、线膨胀系数和断裂韧性的影响。材料的抗热震性与热导率、断裂韧性正相关，与弹性模量、线膨胀系数负相关。MgO-SiC-C 耐火材料试样抗热震性的提升主要是由于热导率增加，线膨胀系数降低。但由于耐火材料体系的弹性模量及显气孔率的增加使试样 MG8 抗热震性下降。

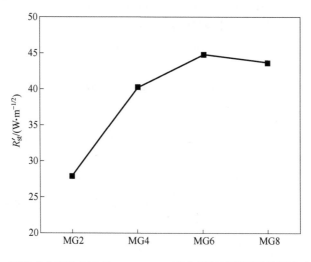

图 2-17 不同成分配比制备的 MgO-SiC-C 耐火材料试样的抗热震稳定性因子

热震试验后，试样的裂纹扩展如图 2-18 所示。当耐火材料受到的热应力超过耐火材料的裂纹扩展所需阻力时，裂纹会沿着薄弱部位扩展，破坏耐火材料。试样 MG2 的裂纹较宽，路径平直，主要在骨料内部。试样 MG6 的裂纹比试样 MG2 窄且更曲折，其扩展主要沿骨料/基质界面或基质内部进行。裂纹偏转增加裂纹的扩展路径，裂纹分叉消耗裂纹扩展所需的能量，从而抑制裂纹的进一步扩展。当裂纹与基质中 SiC 相遇时，SiC 吸收裂纹尖端的应力，或使裂纹尖端的应力发生偏转，减少对耐火材料的损伤。骨料的开裂和剥落严重影响耐火材料的整体结构，试样 MG2 的骨料剥落程度大于试样 MG6，也说明了 SiC 的存在缓解骨料受到的应力，减少热应力对骨料的破坏。上述结果表明，原位合成的 SiC 对 MgO-SiC-C 耐火材料具有增强增韧作用，有效提高耐火材料的抗热震性。

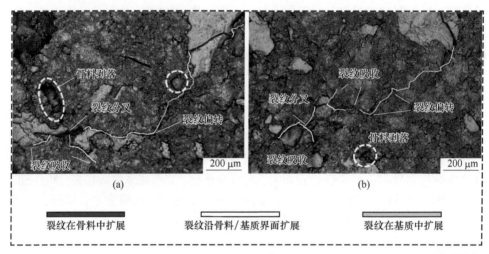

图 2-18　热震试验后不同试样的微观结构照片
(a) 试样 MG2；(b) 试样 MG6

彩图

2.1.3　颗粒级配制度对 MgO-SiC-C 耐火材料的影响

2.1.3.1　物相组成

为分析不同颗粒级配制度对合成 SiC 的影响，进行 XRD 分析，结果如图2-19 所示。在图 2-19 (a) 中，各配方的 XRD 图谱中都有方镁石、SiC、石墨。为分析试样的物相组成，使用 Rietveld 方法半定量计算各相含量 [见图 2-19 (b)]。各试样中，体系内方镁石含量、合成的 SiC 含量和残余的石墨含量相近。根据物相组成分析和热力学分析，SiC 的合成主要由体系中的硅粉和石墨参与，镁砂的粒度对 SiC 的合成影响较小。所有试样的石墨含量 (质量分数) 均小于 3%，较低的单质碳含量可以减少冶炼过程中耐火材料对钢水增碳。

2.1.3.2　微观结构

对不同颗粒级配制度制备的 MgO-SiC-C 耐火材料试样进行微观结构分析，结

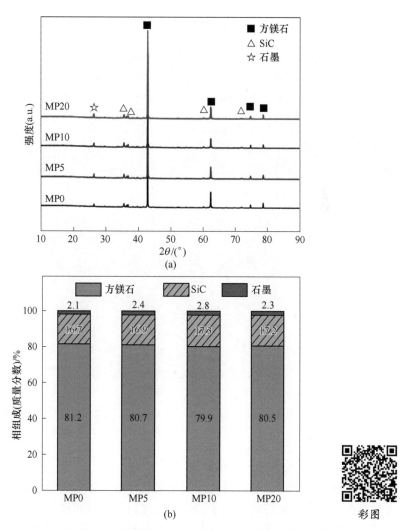

图 2-19 不同颗粒级配制度制备的 MgO-SiC-C 耐火材料试样的相分析结果
（a）各试样的 XRD 图谱；（b）各试样的组成含量

果如图 2-20 所示。在微观结构照片中，较大的浅色块状物质为电熔镁砂骨料，骨料周围均匀分布着基质。试样 MP0 基质中只含有 SiC 和石墨，骨料和基质之间的线膨胀系数差异最大，骨料和基质的界面处有较宽的裂纹存在。随着基质中电熔镁砂细粉含量的增加，基质和骨料的线膨胀系数差距减小，与骨料的结合更好。试样 MP20 基质中电熔镁砂细粉的含量最多，电熔镁砂粗骨料含量最少。大颗粒骨料的减少，会降低骨料对耐火材料的骨架支撑作用，并且减少基质层可移动的空间，体系内的气孔和缝隙难以通过成型制度消除。

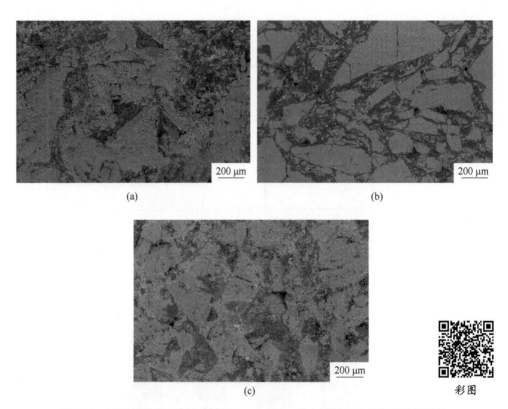

图 2-20   不同颗粒级配制度制备的 MgO-SiC-C 耐火材料试样的微观结构照片
(a) 试样 MP0；(b) 试样 MP5；(c) 试样 MP20

2.1.3.3   显气孔率和体积密度

耐火材料属于非致密材料，体积密度是评价其性能的重要指标之一，对于耐火材料而言，通过颗粒级配制度的研究可使材料体积密度得到优化，以此实现耐火材料性能的提升。不同颗粒级配制度制备的 MgO-SiC-C 耐火材料试样显气孔率和体积密度的结果，如图 2-21 所示。体积密度最大的是试样 MP0（2.94 g/cm³），体积密度最小的是试样 MP20（2.76 g/cm³）。由于镁砂骨料的密度比镁砂细粉高，体积密度随试样原料中镁砂骨料（1~3 mm）的含量减少而逐渐降低。显气孔率的变化趋势与体积密度相反，试样 MP0 具有最小的显气孔率（9.2%），试样 MP20 具有最大的显气孔率（15.7%）。随着细粉的数量增加，大颗粒骨料的减少，大颗粒之间的基质层空间缩减，不利于粉料的滑移和填充气孔，显气孔率增加。

2.1.3.4   力学性能

通过常温耐压强度评价不同颗粒级配制度制备的 MgO-SiC-C 耐火材料试样的力学性能，结果如图 2-22 所示。随着原料中镁砂细粉含量的增加，试样的常温

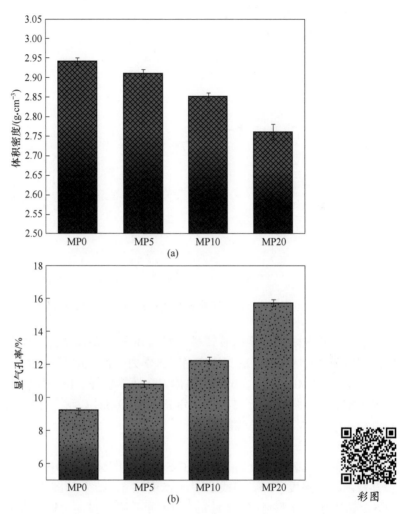

图 2-21　不同颗粒级配制度制备的 MgO-SiC-C 耐火材料试样的体积密度（a）和显气孔率（b）

耐压强度逐步下降，最高值出现在试样 MP0（57.5 MPa），最低值为试样 MP20（42.6 MPa），降幅 25.9%。通过体积密度和显气孔率分析，试样 MP0 到 MP20 的体积密度降低，显气孔率增加。一方面，细粉含量的增加，可以降低应力集中，增加骨料和基质的结合强度。另一方面，粗骨料含量的降低，减少骨料之间咬合、交错、桥接作用，降低骨料的支撑作用。根据材料的固有强度与气孔率之间的常用经验式（2-19），在材料组成相同的条件下，材料的气孔率增加，力学性能下降。

$$\sigma = \sigma_0 \exp(-nP) \tag{2-19}$$

式中　σ_0——材料的固有强度（材料完全致密化时的强度值），MPa；

n——比例系数，一般为 3~7；

P——材料气孔率，%。

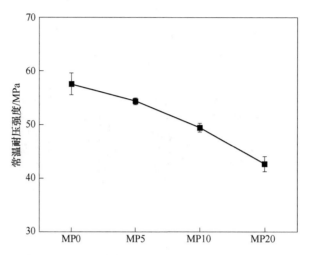

图 2-22 不同颗粒级配制度制备的 MgO-SiC-C 耐火材料试样的常温耐压强度

试样的常温耐压强度随着镁砂细粉含量的增多而下降，说明镁砂粗骨料对 MgO-SiC-C 耐火材料起到的支撑作用对试样力学性能的影响更大。试样的常温耐压强度都在 40 MPa 以上，试样的整体力学性能较好。LF 钢包渣线用镁碳耐火材料要求常温耐压强度大于 35 MPa，制备的 MgO-SiC-C 耐火材料试样均满足 LF 钢包渣线用耐火材料的力学性能要求。

2.1.3.5 抗热震性

对不同颗粒级配制度制备的 MgO-SiC-C 耐火材料试样进行 3 次热震试验后检验其残余耐压强度 CCS_{TS} 和残余耐压强度比 δ，结果如图 2-23 所示。各试样的 CCS_{TS} 随着电熔镁砂细粉含量的增加而下降，试样 MP0 的 CCS_{TS} 最高，为 47.5 MPa，试样 MP20 的 CCS_{TS} 最低，为 32.6 MPa。试样热震后的残余耐压强度与其热震前的耐压强度变化趋势一致。随着电熔镁砂细粉含量的增多，残余耐压强度比先增加后下降，在试样 MP5 取得最高值，为 85.27%。试样 MP0 的粗骨料较多，在热震试验中，骨料中易于形成热应力集中，造成破坏。而试样 MP5 的粗骨料量少于试样 MP0，且其显气孔率高于试样 MP0，少量的气孔可以减少应力集中，阻碍裂纹的连续扩展，增加裂纹的扩展路径，适当降低大颗粒骨料的占比，利于基质粉体对骨料的包裹，因此试样 MP5 具有更好的残余强度比。然而随着大颗粒骨料占比的继续下降，抗热震性下降，是由于大颗粒骨料相对细粉具有更高的断裂表面能，裂纹的萌生和扩展较少。

综上所述，试样 MP0 和 MP5 在 3 次热震试验后残余耐压强度均高于 45 MPa，而试样 MP5 的残余耐压强度比更高，因此试样 MP5 的抗热震最优。

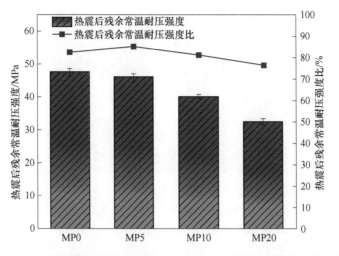

图 2-23 不同颗粒级配制度制备的 MgO-SiC-C 耐火材料试样热震后的
残余耐压强度和残余耐压强度比

热震试验后，试样的裂纹扩展情况如图 2-24 所示。当耐火材料受到的热应力超过耐火材料的裂纹扩展阻力时，裂纹会沿着薄弱部位扩展，破坏耐火材料。试样 MP0 中由于粗骨料较多，裂纹在骨料中发生扩展，骨料的破碎对耐火材料整体性能影响较大。试样 MP5 的骨料基质配置较合理，裂纹较窄，发生的偏转和分叉、吸收情况较多。适量的镁砂细粉添加，可以降低基质和骨料的线膨胀系数失配情况，促进骨料和基质的紧密结合，然而过多的细粉则会影响材料的力学性能和抗热震性。试样 MP20 的细粉含量较多，缺少粗骨料的支撑作用，断裂表面能相对较小，裂纹的扩展较平直，且裂纹宽度较大。由于原料配比中已有 20% 的（质量分数）硅粉和石墨用来原位合成 SiC，镁砂细粉的含量不宜过多。

综上所述，MgO-SiC-C 耐火材料中粗骨料：细骨料：基质的质量配比为 55：20：25，试样的抗热震性最佳。

(a)   (b)

彩图

图 2-24　热震试验后不同试样的微观结构照片

(a) 试样 MP0；(b) 试样 MP5；(c) 试样 MP20

2.1.4　MgO-SiC-C 耐火材料的抗渣性研究

原料为电熔镁砂骨料、电熔镁砂细粉、硅粉、鳞片石墨及热固性酚醛树脂，耐火材料试样的配方见表 2-6。为简化标注，本节中 MgO-SiC-C 缩写为 MSC。将骨料、酚醛树脂及粉末混匀后，压制成 $\phi36$ mm × 20 mm 圆柱体，在 200 ℃下固化 24 h，在埋碳环境中加热至 1600 ℃，保持 3 h，并随炉冷却。镁碳耐火材料（MT14）和低碳镁碳耐火材料（MT6）在 200 ℃下固化 24 h 后，作为对比样备用。

表 2-6　耐火材料的配方（质量分数）　　　　　　　　　　（%）

试样编号	电熔镁砂骨料 1~3 mm	电熔镁砂骨料 0~1 mm	电熔镁砂细粉	硅粉	石墨	液态酚醛树脂
MSC	55	20	5	14	6	+5
MT14	55	20	8	3	14	+5
MT6	55	20	16	3	6	+5

采用一种创新的方法研究耐火材料的抗渣性，该方法可以观察渣对耐火材料的侵蚀和渗透结果，还可以分析熔渣与耐火材料之间的润湿行为。首先将耐火材料压制成圆柱，将熔渣压制成与耐火材料相同直径的圆形薄片，并放置在耐火材料试样上，图 2-25 显示试验装置的示意图。将带有熔渣的耐火材料试样在隔坩埚埋碳的环境中加热至 1600 ℃并保温 3 h。试样随炉冷却后取出，观察并记录熔渣与耐火材料之间的接触角，然后沿轴向切割试样，使用 SEM 和 EDS 分析侵蚀后的微观结构，研究侵蚀和渗透过程。根据式（2-20）和式（2-21）计算侵蚀指数和渗透指数。在以往坩埚法渣侵试验中，熔渣侵蚀耐火材料的四周和下侧，侵

蚀/渗透指数通过侵蚀/渗透面积与原始坩埚面积的比值计算。由于本试验的渣侵方法中熔渣从上到下侵蚀耐火材料，因此根据侵蚀/渗透深度与耐火材料原始高度的比值计算侵蚀/渗透指数。与面积比相比，基于高度比计算侵蚀/渗透指数减少了一个维度的误差，测量和计算更简便准确。此外，坩埚法渣侵试验，只有侵蚀部分是研究区域，大多数其他位置的材料都被浪费，本试验的渣侵试验方法工艺简单，减少材料消耗。

$$I_C = D_C/D_0 \tag{2-20}$$

$$I_P = D_P/D_0 \tag{2-21}$$

式中　I_C——侵蚀指数；

　　　D_C——耐火材料被低熔点相完全取代的深度；

　　　D_0——耐火材料的原始高度；

　　　I_P——渗透指数；

　　　D_P——低熔点相在耐火材料中的渗透深度。

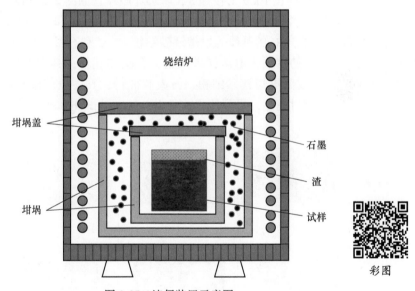

图 2-25　渣侵装置示意图

　　熔渣与耐火材料的润湿性一般通过两者之间的接触角评价，当两者的接触角在 90° 以内时，渣能够渗透到耐火制品内部，且随着接触角的减小渗透程度加深，图 2-26 为液体与固体之间接触角示意图。为试验的标准化，本试验用渣是根据 LF 钢包渣成分在试验室中配制的，表 2-7 显示熔渣的组成。使用 SEM 和 EDS 研究试样侵蚀后的微观结构，根据 Ribond 模型计算熔渣的黏度，根据 Mill 模型计算熔渣的表面张力，分析熔渣的侵蚀过程和耐火材料的抗渣机制。

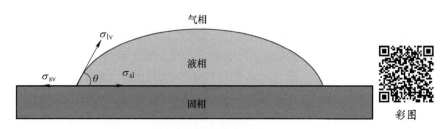

图 2-26 液体与固体之间接触角示意图

表 2-7 熔渣的成分（质量分数）   （%）

熔渣组成	CaO	SiO$_2$	Al$_2$O$_3$	MgO	FeO
含量	51	12	30	6	1

2.1.4.1 耐火材料渣侵后的宏观结构

熔渣对耐火材料在 1600 ℃侵蚀 3 h 后宏观照片，如图 2-27 所示。试样 MSC、MT14 和 MT6 的骨料相同，均为电熔镁砂。根据原料配比和 MgO-SiC-C 耐火材料的物相分析，试样 MSC 的基质为电熔镁砂细粉、SiC 和石墨，其中 SiC 的含量最多，对比样 MT14 的基质为电熔镁砂细粉、石墨和硅粉，其中石墨的含量最多，对比样 MT6 的基质为电熔镁砂细粉、石墨和硅粉，其中电熔镁砂细粉的含量最多。试样 MT14 相对完整，受到的侵蚀最少，其次是试样 MSC，存在部分耐火材

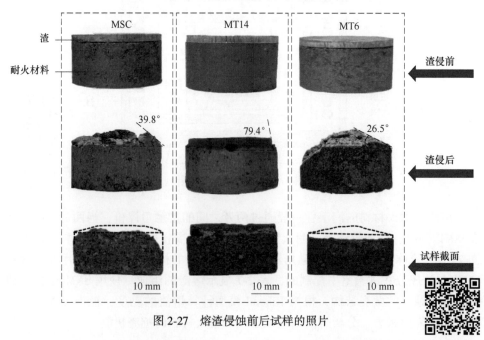

图 2-27 熔渣侵蚀前后试样的照片

料的脱落，试样 MT6 与熔渣接触位置在纵向切割试样后完全剥落，抗侵蚀性最差。润湿性定义为液体在固相上的蔓延趋势，它描述液体和固体之间直接接触的程度，难润湿的耐火材料其抗侵蚀性高，通过测定熔渣与耐火材料间的接触角，可以评估耐火材料的抗侵蚀性能。试样 MSC 与熔渣的接触角为 39.8°，试样 MT14 与熔渣的接触角为 79.4°，试样 MT6 与熔渣的接触角为 26.5°。低接触角说明熔渣在耐火材料上具有高扩散性，会加重熔渣对耐火材料的渗透，从而影响耐火材料的抗渣性。通过渣侵后试样的完整程度和耐火材料与熔渣间的接触角分析，MgO-SiC-C 耐火材料的抗渣性优于低碳镁碳耐火材料。

2.1.4.2　耐火材料渣侵后的微观结构

耐火材料受到熔渣侵蚀后经扫描电镜分析，结果如图 2-28 所示。熔渣在试样 MSC 中主要沿基质渗透，在骨料中少量的脱黏和裂纹处熔渣也发生渗透。由于石墨与渣的不润湿性，试样 MT14 的基质中熔渣渗入最少，在骨料中少量的脱黏和裂纹处熔渣也发生渗透。在试样 MT6 中，基质位置有较多的熔渣侵蚀，骨料也发生较多侵蚀和渗透，改变了原有耐火材料的结构，其抗渣性最差。耐火材

彩图

图 2-28　渣侵后耐火材料的微观结构照片

（a）试样 MSC；（b）试样 MT14；（c）试样 MT6

料试样的侵蚀指数和渗透指数的计算结果，如图 2-29 所示。试样 MSC 的侵蚀指数为 0.011，比试样 MT6 低 47.8%。试样 MSC 渗透指数为 0.069，比试样 MT6 低 9.3%。MgO-SiC-C 耐火材料试样的侵蚀指数和渗透指数稍高于传统高石墨含量镁碳耐火材料试样，但显著优于低碳镁碳耐火材料试样。

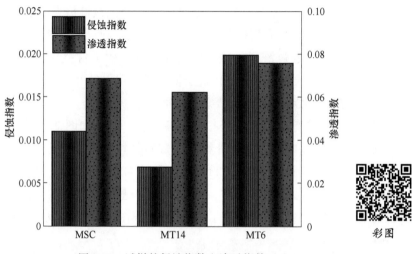

图 2-29 试样的侵蚀指数和渗透指数

　　熔渣对耐火材料的侵蚀和渗透与其黏度和流动性有关。根据聚合结构理论，组成熔渣的结构单元与晶体结构在一定程度上相似，表现为短程有序、长程无序状态。熔渣中结构单元间的距离和作用力与其对应的晶体类似，每个结构单元处在一定范围的势垒中。熔渣流动需要克服其相应结构单元的势垒，所需要的能量称为活化能，即液体结构单元移动所需的最低能量。硅氧络阴离子（$Si_xO_y^{z-}$）的尺寸大于其他离子的尺寸，其移动所需要的能量也更多，复合阴离子成为熔渣中限制熔渣移动的主要结构单元。熔渣成分的变化导致复合阴离子的含量变化或者复合阴离子的聚合或解体，熔渣结构的改变使其黏度相应提高或降低。

　　根据熔渣的离子理论，熔渣中的一些氧化物（如 MgO）在高温下会解离 O^{2-}，非桥氧（O^{2-}）与桥氧（O^0）相互作用，会破坏链状或网状的 $Si_xO_y^{z-}$。其中非桥氧是只和一个成网粒子（Si）相键连，没有被两个成网多面体共用的氧原子，非桥氧的未饱和电价与外部的阳粒子进行电荷平衡。桥氧是连接网络四面体或多面体之间的起到桥梁作用的氧原子，桥氧数量能够反映网络结构的完整性，硅酸盐网络的致密程度与桥氧的数量成正相关，体系中桥氧数量越多，渣的网络结构就越稳定，黏度也越高。基质中的 SiC 在与熔渣接触后将被氧化消耗非桥氧，提高熔渣的聚合度，从而提高液相的黏度。高黏度液相的形成可以减少熔渣对耐火材料的渗透，因此在骨料相同的条件下，由于基质中含有 SiC，MgO-SiC-C 耐火材料的抗渣性优于低碳镁碳耐火材料。

2.2　含 Ti₃AlC₂ 的镁质含碳耐火材料

如何改善低碳镁碳耐火材料的热震稳定性与抗剥落性能，延长渣线砖的服役寿命，是目前冶金工作者的重要任务之一。本节以镁砂、鳞片石墨、金属硅粉、MAX 相（Ti_3AlC_2）为原料，用 Ti_3AlC_2 取代 MgO-C 耐火材料中部分鳞片石墨来制备低碳 MgO-C 材料，在不显著降低 MgO-C 材料性能的前提下降低含碳量，保证低碳 $MgO-C-Ti_3AlC_2$ 材料仍具有优异的力学性能与热学性能，系统地研究了低碳 $MgO-C-Ti_3AlC_2$ 材料在高温下微观组织结构的变化与高温热学、力学性能的演化机理。

2.2.1　Ti₃AlC₂ 含量对 MgO-C-Ti₃AlC₂ 耐火材料性能的影响

Ti_3AlC_2 具备优异的金属特性与特殊的层状结构，本节采用 Ti_3AlC_2 作为碳源部分代替鳞片石墨，制备出 Ti_3AlC_2 添加量为 2%、4%、6% 的低碳 MgO-C-Ti_3AlC_2 耐火材料，探究 Ti_3AlC_2 对镁质含碳耐火材料高温力学性能的影响。

试验需要的主要原料有 97 电熔镁砂 ［1~3 mm、0~1 mm、74 μm（200 目），化学成分（质量分数）见表 2-8］、单质硅粉（纯度：98%）、鳞片石墨 ［78 μm，碳含量（质量分数）大于 97%］、Ti_3AlC_2（78 μm，纯度：98%），使用液态热固性酚醛树脂（残炭率大于 42%）作为结合剂。

表 2-8　试验用镁砂化学组成

名　称	化学组成（质量分数）/%							
	CaO	SiO₂	Fe₂O₃	MgO	K₂O	Al₂O₃	MnO	SO₃
97 电熔镁砂	1.18	0.93	0.60	96.45	0.03	0.44	0.04	0.20

试验配方见表 2-9：骨料为 97 电熔镁砂颗粒（含量 69%），基质组成为 97 电熔镁砂细粉（含量 20%）、单质 Si 粉（含量 3%）、鳞片石墨和 Ti_3AlC_2。为了研究 Ti_3AlC_2 对低碳镁碳材料性能的影响，设定鳞片石墨含量为 8%，依次用 2%、4%、6% 的 Ti_3AlC_2 部分取代鳞片石墨，根据试样中加入的 Ti_3AlC_2 含量不同分别命名为 MC-2AC、MC-4AC 和 MC-6AC，原始试样命名为 MC。参照表中的试验配方，在混料机中先倒入所有细粉预混，低速转（500 r/min）5 min 倒出备用。再依次倒入骨料与树脂中速（1200 r/min）转 3 min，最后倒入预混好的粉料用中速（1200 r/min）混合 10 min。将树脂混合均匀的泥料倒入密封袋，在室温环境下真空放置混料 12 h 后用压力机以 150 MPa 的压力压制成 φ50 mm×100 mm 的圆柱体试样和 140 mm×25 mm×25 mm 的条状试样；再将压制成型的试样放置于 200 ℃ 的烘箱，烘干 24 h，将圆柱形试样在埋碳环境下进行 1200 ℃、1600 ℃×3 h 的热处理，升温制度为 5 ℃/min。耐火材料的性能检验包括高温与常温力学性能、物相

组成、显微结构、显气孔率与体积密度、抗热震性、弹性模量。

表 2-9　低碳 MgO-C-Ti_3AlC_2 试样的配方（质量分数）　　　（%）

原 料	MC	MC-2AC	MC-4AC	MC-6AC
镁砂颗粒（1~3 mm）	30	30	30	30
镁砂颗粒（74 μm~1 mm）	39	39	39	39
镁砂细粉（0~74 μm）	20	20	20	20
石墨	8	6	4	2
Ti_3AlC_2	—	2	4	6
单质硅粉	3	3	3	3
树脂（外加）	4	4	4	4

2.2.1.1 物相组成

各组试样经过树脂固化处理（200 ℃）与在埋碳条件下高温热处理（1600 ℃）后的 XRD 图谱，如图 2-30 所示。不含 Ti_3AlC_2 的试样经过 1600 ℃×3 h 的埋碳处理后，主要物相成分为方镁石、石墨、镁橄榄石。随着 Ti_3AlC_2 的加入，新生成

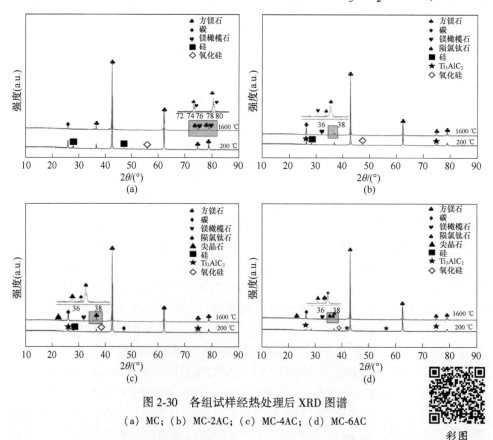

图 2-30　各组试样经热处理后 XRD 图谱
(a) MC；(b) MC-2AC；(c) MC-4AC；(d) MC-6AC

彩图

的物相主要为少量的氮化钛与镁铝尖晶石。在升温至 1600 ℃ 的过程之中，单质硅氧化后会与氧化镁反应生产镁橄榄石，Ti₃AlC₂ 在 1200 ℃ 以上时，结构中的铝离子会优先逃离体系外，与氧化镁反应生成镁铝尖晶石，钛离子会与树脂热解所生成的氮气反应生成氮化钛，Ti₃AlC₂ 的加入量越多，含铝或钛的化合物的衍射峰越明显。

2.2.1.2 微观结构

经过 1600 ℃ 热处理后，MC-4AC 试样的微观形貌如图 2-31 所示，EDS 结果见表 2-10。Ti₃AlC₂ 均匀地分布在低碳镁碳砖的基质中，由于 Ti₃AlC₂ 的微膨胀性使其边缘处存在少量的裂纹或者气孔的可能。MC-4AC 试样的主要物相是 MgO、石墨、片状（Ti、C、O）、镁橄榄石、碳化硅、少量的镁铝尖晶石、微量柱状（Ti、Al、N、C）、微量纤维状（Ti、Al、O、C）。在高温条件下，Ti₃AlC₂ 的结构出现了一些孔隙（见图 2-31（b）中 B 点）。深入探究孔隙中的结构与物相组成可知，Ti₃AlC₂ 在温度高于 1200 ℃ 的环境下发生分解，留下同样为片状结构的（Ti、C、O）化合物。逃离的 Al³⁺ 在其边缘处与基质中分布的 MgO 反应形成少量的镁铝尖晶石。Ti₃AlC₂ 的选择性氧化行为赋予其被氧化后残留的 TiC 依然为层状

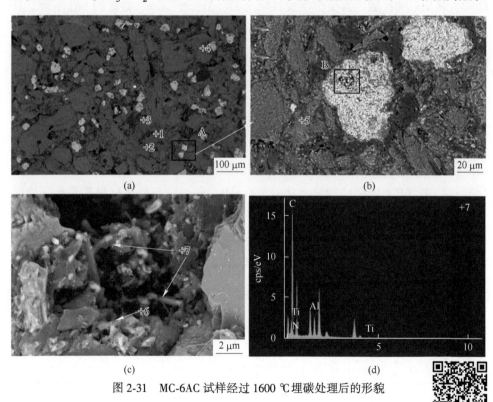

图 2-31 MC-6AC 试样经过 1600 ℃ 埋碳处理后的形貌

彩图

表 2-10　图 2-31 各点的 EDS 结果（质量分数）　　（%）

点	Mg	Al	Si	Ti	O	C	N	相
1	2.76	0.94	1.13	67.19	9.66	17.46	—	TiC、TiO_2
2	23.63	14.97	13.85	4.00	33.17	9.74		$MgAl_2O_4$、Mg_2SiO_4
3	1.67	0.43	1.24	—	19.92	75.39		石墨
4	56.02	0.61	—	—	36.51	6.86	—	MgO
5	20.71	0.67	13.13	0.23	31.17	33.07	—	石墨、Mg_2SiO_4
6	3.59	1.78	50.69	6.62	9.30	27.30		SiC
7	—	4.61	—	4.47	—	49.90	41.02	（Ti、Al、N、C）

结构，氧化后的孔隙内部交错生成柱状（Ti、Al、N、C）、微量的 SiC 晶须。具体反应如下：

$$Ti_3AlC_2(s) + CO(g) \longrightarrow TiC(s) + TiO(s) + Al_2O_3 \tag{2-22}$$

$$Ti_3Al_{1-x}C_2 + N_2 \longrightarrow \{Ti、Al、N、C\} \tag{2-23}$$

$$MgO(s) + Al_2O_3(s) \longrightarrow MgO \cdot Al_2O_3(s) \tag{2-24}$$

经过 1600 ℃热处理后，MC-4AC 试样的微观形貌如图 2-32 所示，EDS 结果见表 2-11，随着 MAX 引入量的降低，低碳镁碳材料的气孔分布明显减少。此处重点讨论 Ti_3AlC_2 与低碳镁碳材料基质处的结构变化与新相生成情况。与图 2-31 所展示的 Ti_3AlC_2 内部结构缺陷相似，Ti_3AlC_2 的边缘与耐火材料基质连接处同样出现孔隙，究其原因：一是前面介绍的 Ti_3AlC_2 选择性氧化，Al^{3+} 的逃离现象；二是 Ti_3AlC_2 与足量的 Si 粉接触，在高温条件下，单质 Si 发生气化形成气态硅离子分布在 TiC 表面，形成纤维状富硅的（Si-Ti-C-O），如图 2-32（c）所示。

表 2-11　图 2-32 各点的 EDS 结果（质量分数）　　（%）

点	Mg	Al	Si	Ti	O	C	N	相
1	2.72	0.45	46.60	10.62	11.66	26.69	—	（Ti、Si、O、C）
2	—	2.03	—	49.53	—	32.53	15.92	（Ti、Al、N、C）
3	22.64	31.22	1.22	4.05	33.17	0.45	—	$MgAl_2O_4$

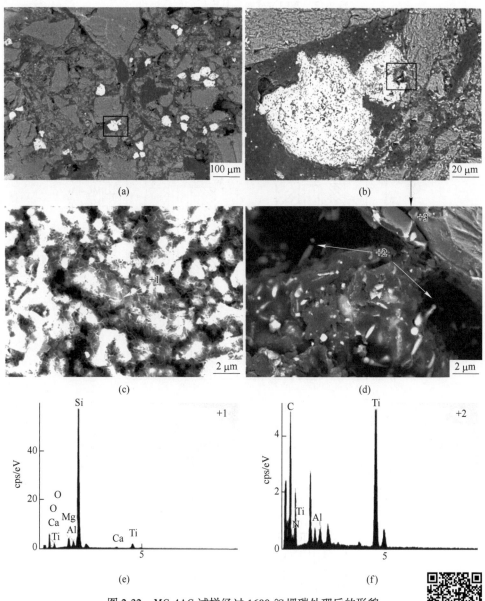

图 2-32 MC-4AC 试样经过 1600 ℃埋碳处理后的形貌

2.2.1.3 力学性能

在埋碳环境下，各组试样经过 200 ℃×24 h 和 1600 ℃×3 h 热处理后的耐压强度见表 2-12，体积密度和显气孔率如图 2-33 所示。由表和图可以看出，添加不同含量 Ti$_3$AlC$_2$ 对各组试样在 200 ℃树脂固化后的体积密度无明显变化。在 1600 ℃时，添加 4%Ti$_3$AlC$_2$ 的试样体积密度最大，骨料和基质间结构更紧密。总

表 2-12　各组试样经热处理后的耐压强度　　　　（MPa）

温度/℃	MC	MC-2AC	MC-4AC	MC-6AC
200	35.5±4.2	46.8±2.2	48.3±3.6	52.7±4.6
1200	38.1±1.2	43.3±1.4	46.7±2.0	46.5±1.6
1600	41.3±5.6	50.9±4.1	49.7±4.3	44.5±6.3

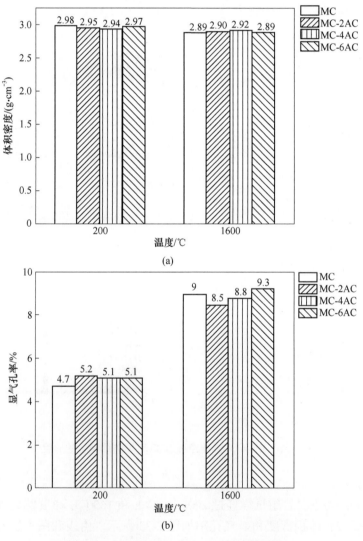

(a)

(b)

图 2-33　各组试样经热处理后的结构性能

（a）体积密度；（b）显气孔率

体而言，常规镁碳耐火材料试样体积密度略低于含 Ti₃AlC₂ 的低碳镁碳试样。说明在高温埋碳条件下，Ti₃AlC₂ 的引入有助于提升低碳镁碳耐火材料的致密度，MC 试样内部的石墨会被电熔镁氧化，生成一氧化碳，造成失重与气孔的出现，Ti₃AlC₂ 的微膨胀性可以压缩气孔，阻碍气体的逃逸。但是，添加过量的 Ti₃AlC₂ 同样会降低耐火材料的致密度，原因在于 Ti₃AlC₂ 的高温膨胀性，加入量过多会扩大耐火材料内部的膨胀系数的差异，造成试样整体膨胀过大与裂纹的产生。Ti₃AlC₂ 氧化后形成的片状 TiC 与鳞片石墨在结构上有着相似之处，二者有两种接触方式，即紧密连接与错层搭接，如图 2-34（A）（B）所示，不但扩大了耐火材料层状结构的面积，而且起到了增韧作用。同时，Ti₃AlC₂ 的微膨胀性也为耐火材料带来较少的微裂纹，如图 2-34（B）所示，同样起到了增韧作用。

图 2-34　鳞片石墨与片状 TiC 的连接形式及 Ti₃AlC₂ 氧化形成的微裂纹

彩图

各组试样经过 1200 ℃×3 h、1600 ℃×3 h 热处理后的耐压强度（CCS）与抗折强度（CMOR）分别见表 2-13 和表 2-14，对照试样（MC）的耐压强度与抗折强度随着温度的升高呈增大趋势。在 200 ℃时，酚醛树脂固化，耐火材料的强度主要由树脂提供，温度升高至 1200 ℃与 1600 ℃时，树脂碳化，产生大量的 CH₄、CO、CO₂ 等气体排出耐火材料体系外，留下大量气孔，造成在高温环境下耐火材料的体积密度低与显气孔率高。此时的耐火材料强度主要有树脂残碳后所形成的异向不规则碳网提供。添加不同量的 Ti₃AlC₂ 试样的耐压强度与抗折强度整体上高于对照试样（MC），在 200 ℃ 与 1200 ℃ 时，由于 Ti_3AlC_2 的多层状结构尚未被全部破坏，含 Ti_3AlC_2 试样的力学强度优于不含 Ti_3AlC_2 试样。Al-Al 层间形成的金属键键能弱，在 1600 ℃ 时，结构会被破坏，Ti_3AlC_2 发生高温界面滑移，表现出类似金属的显微塑性，使其在受压下能够吸收部分形变应力进而提高形变应力的阈值；此外，逃离体系外的钛离子与铝离子在 1600 ℃ 时会与酚醛树脂热解产生的 CO、CO_2、N_2 反应生成针状或纤维状氮化物与碳化物堵塞内部的裂纹和孔隙，起到堵塞与桥接作用，当应力来临时，针状的碳化物会改变应力的发展方向使裂纹发生偏转，延长裂纹的路径消耗更多的能量，提升耐火材料的力学性能。

表 2-13   各组试样经热处理后的抗折强度   （MPa）

温度/℃	MC	MC-2AC	MC-4AC	MC-6AC
200	9.6±0.6	9.9±0.1	8.7±0.0	8.4±0.4
1200	10.2±0.5	10.2±0.6	10.3±0.7	10.6±0.6
1600	10.4±0.2	10.5±0.6	11.4±0.3	10.9±0.3

表 2-14   各组试样的高温抗折强度   （MPa）

温度/℃	MC	MC-2AC	MC-4AC	MC-6AC
1400	12.3	12.7	14.6	13.4

图 2-35 表示了在埋碳环境下，经过 1400 ℃ 热处理 30 min 的添加不同量 Ti_3AlC_2 的镁碳耐火材料的高温抗折强度（HMOR）柱形图。对比与分析 4 组试样可以得出，使用 Ti_3AlC_2 代替碳源石墨，随着添加 Ti_3AlC_2 量的增加，样品的 HMOR 均大于只有石墨作为碳源制备的镁碳耐火材料。Ti_3AlC_2 添加量为 4% 的

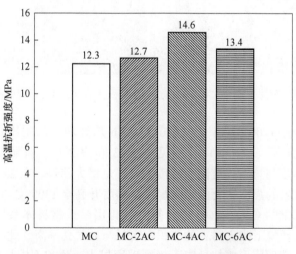

图 2-35   各组试样的高温抗折强度

MC-4AC 的 HMOR 为最大值 14.6 MPa，与 MC-4AC 试样相比较，MC-6AC 的 HMOR 反而下降 8.2%，原因是过量的 Ti₃AlC₂ 会降低镁碳耐火材料的致密度与增加气孔的生成（对比图 2-33 与图 2-35）。MC-4AC 试样是所有测试的试样中高温强度表现最佳的耐火材料试样：一是对试样内部基质和骨料部位结构有着更好的细化演变并填充紧密；二是在高温无氧环境下试样内部基质成分的物料间发生化学反应，生成高强度的固溶体或新陶瓷相，这对材料有增韧作用，提高 MC-4AC 试样的 HMOR，机械强度更加优异。

2.2.1.4 抗热震性

表 2-15 为试样热震后的残余强度以及残余率，强度残余率为经过三次极冷极热处理后的常温抗折强度值与经过 200 ℃ 热处理后常温抗折强度值的比值。对比 4 组试样可以看出，随着鳞片石墨含量的减少或者 Ti₃AlC₂ 的含量增加，试样的残余强度或者残余强度保持率呈现出增大的趋势。并且，含 Ti₃AlC₂ 试样的残余强度以及强度残余率均高于只含鳞片石墨试样，这说明 Ti₃AlC₂ 引入之后可以提高低碳镁碳耐火材料的热震稳定性。在 1100 ℃ 时，Ti₃AlC₂ 的结构尚未分解并在耐火材料中稳定存在，其类似于金属的导热性能可以提升低碳镁碳耐火材料的导热能力，使砖体内部产生的由于温度剧烈变化而形成的热应力减少，提高热震试验后的抗折强度。此外，由于 Ti₃AlC₂ 是相似于鳞片石墨的片状结构，但不同的是 Ti₃AlC₂ 为三层结构。在定形含碳耐火材料的成型过程中，石墨薄片以其最长尺寸垂直于挤压方向排列，在测试抗折强度时，鳞片石墨试样的抗折强度为 55~80 MPa，而 Ti₃AlC₂ 为 340 MPa，这就是引入 Ti₃AlC₂ 后的低碳镁碳砖抗折强度提升的原因。

表 2-15　各组试样热震后残余强度以及残余强度保持率

试 样	MC	MC-2AC	MC-4AC	MC-6AC
抗折强度/MPa	3.3±1.4	3.8±1.2	4.2±0.8	4.5±1.5
残余强度保持率/%	34.4	38.3	40.3	41.6

材料抵抗热震损坏分为抗热震断裂性损坏和热震损伤性损坏两种。根据 Kingery 抗热震断裂理论对模拟结果进行论证。根据耐火材料内部存在的温度梯度而引起的热应力 σ_s 与材料本身所具备的属性强度 σ_f 之间的强弱关系，作为材料抗热震断裂能力的依据。当 $\sigma_s > \sigma_f$ 时，材料自有强度无法抵抗因温差而产生的热应力，导致裂纹扩展进而材料内部结合强度减小而发生剥落。Kingery 抗热震断裂理论公式：

$$R = \frac{\sigma_f(1 - \gamma)}{\alpha E} \tag{2-25}$$

式中　γ——泊松比；

　　　α——线膨胀系数；

E——弹性模量；

R——第一抗热震因子（反映了临界热震断裂温差大小）。

根据抗热震损伤理论如式（2-26），忽略泊松比 γ 的影响，在 1200 ℃ 热处理后的抗折强度及弹性模量计算得出 R，得出各组试样的 σ_f 见表 2-16。

$$R = \frac{E}{\sigma^2(1-\gamma)} \qquad (2\text{-}26)$$

式中　σ——最大断裂力，即经 1200 ℃ 热处理后的抗折强度。

表 2-16　各组试样的线膨胀系数、弹性模量与固有强度 σ_f

试样编号	弹性模量/GPa	线膨胀系数/℃$^{-1}$	抗热震因子 R	固有强度 σ_f/MPa
MC	5.72	11.2×10^{-6}	54.98	3.52
MC-2AC	6.49	11.4×10^{-6}	62.38	4.62
MC-4AC	6.94	11.7×10^{-6}	65.42	5.31
MC-6AC	7.32	12.2×10^{-6}	65.15	5.82

此时理论残余率 K 用式（2-27）表示：

$$K = \frac{\sigma_f - \sigma_s}{\sigma_f} \qquad (2\text{-}27)$$

四组试样的理论残余率 K 分别为 67.0%、75.1%、78.3%、80.1%。

残余率均随着 Ti_3AlC_2 加入量的增加而提高，由于温度梯度引起的热应力值（σ_s）尚未达到材料原本固有的强度（σ_f），试样 MC-6AC（σ_s-σ_f）的绝对值最大，为 4.67 MPa；试样 MC 最小，为 2.36 MPa。随着 Ti_3AlC_2 加入量的增加，低碳 MgO-C-Ti_3AlC_2 耐火材料的抗热震稳定性能有所提升。

2.2.2　低碳 MgO-C-Ti_3AlC_2 耐火材料的抗渣性研究

镁碳质耐火材料广泛应用于钢铁冶金领域中转炉炉衬与钢包渣线部位，服役工况复杂恶劣，以熔渣的侵蚀最为严重，所以抗侵蚀能力的好坏是评价镁碳质耐火材料性能优异的重要指标。提升镁碳质耐火材料抗侵蚀能力的研究是最核心的工作之一。本试验研究了两种不同碱度的熔渣对 Ti_3AlC_2 含量（质量分数）为 2%、4%、6% 的低碳 MgO-C-Ti_3AlC_2 耐火材料在 1600 ℃ 下的侵蚀情况，探明添加不同含量的 Ti_3AlC_2 对渣/耐侵蚀界面形貌的影响与侵蚀渗透作用机理。

低碳 MgO-C-Ti_3AlC_2 耐火材料配方见表 2-17，熔渣配方见表 2-18。称 5 g 渣置于 $\phi20$ mm 的圆柱形磨具中，加压 5 MPa 成圆柱形试样。将制备完成的熔渣试样放置在耐火材料上部，在埋碳环境下将试样在 1600 ℃ 下保温 3 h，将煅烧好的试样沿侵蚀最深处中心垂直切开，利用 SEM 扫描电镜与 EDS 能谱仪对断面的微观结构与物相变化情况进行分析，研究熔渣对低碳 MgO-Ti_3AlC_2-C 耐火材料的侵蚀机理。

表 2-17 低碳 MgO-C-Ti₃AlC₂ 试样的配方（质量分数） （%）

原 料	MC	MC-2AC	MC-4AC	MC-6AC
镁砂颗粒（1~3 mm）	30	30	30	30
镁砂颗粒（74 μm~1 mm）	39	39	39	39
镁砂细粉（0~74 μm）	20	20	20	20
石墨	8	6	4	2
Ti₃AlC₂	—	2	4	6
单质硅粉	3	3	3	3
树脂（外加）	4	4	4	4

表 2-18 试验用熔渣化学组成

熔渣	化学组成（质量分数）/%								
高碱度	CaO	SiO₂	Fe₂O₃	MgO	K₂O	Al₂O₃	MnO	Na₂O	R
	35.68	16.62	10.90	10.42	0.05	21.28	3.18	3.76	2.30
低碱度	CaO	SiO₂	Fe₂O₃	MgO	Cr₂O₃	Al₂O₃	MnO	SO₃	R
	21.92	23.49	11.41	2.21	34.83	1.34	2.66	0.44	0.93

2.2.2.1 碱性渣对低碳 MgO-Ti₃AlC₂-C 耐火材料的侵蚀研究

侵蚀后的 MC 试样和含 Ti₃AlC₂ 试样的总体显微形貌如图 2-36~图 2-39 所示，SEM 分析结果表明不同试样的侵蚀深度存在明显差异，渣/耐火材料界面侵蚀形貌也不同。

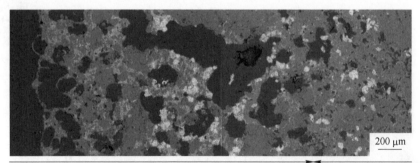

图 2-36 碱性渣侵蚀后 MC-6AC 试样的全貌
A—侵蚀层；B—原质层

彩图

图 2-40 为碱性渣与各组样品经过 1600 ℃ 煅烧 3 h 后的侵蚀深度统计。碱性渣对于低碳镁碳耐火材料的侵蚀方式以渗透为主，所以侵蚀的结果高度关联于试样经过 1600 ℃ 煅烧后的体积密度结果。添加 6%Ti₃AlC₂ 的试样抵抗高碱性熔渣侵

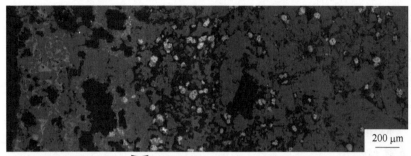

图 2-37 碱性渣侵蚀后 MC-4AC 试样的全貌

A—侵蚀层；B—原质层

彩图

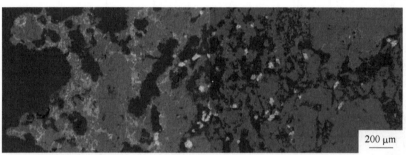

图 2-38 碱性渣侵蚀后 MC-2AC 试样的全貌

A—侵蚀层；B—原质层

彩图

图 2-39 碱性渣侵蚀后 MC 试样的全貌

A—侵蚀层；B—原质层

彩图

蚀的能力最弱，Ti_3AlC_2 在高温环境下产生的线膨胀对定形耐火材料的致密度带来极大的不良影响，过于稀疏的结构为熔渣提供了更多的流动通道，与未添加 Ti_3AlC_2 的试样相比，添加 6%Ti_3AlC_2 的试样侵蚀深度提高 43%。在四组样品中添加 4%Ti_3AlC_2 的 MC-4AC 抗渣侵蚀效果最好，分析认为是适量的 Ti_3AlC_2 所带来的体积膨胀引起定性耐火材料结构优化，熔渣在耐火材料内部形成高熔点固溶体与金属氧化物沉积，阻止熔渣的进一步侵蚀，这也只是单从 Ti_3AlC_2 的物理性能上解释添加适量的 Ti_3AlC_2 对定形镁碳耐火材料抗高碱度渣侵蚀的影响。

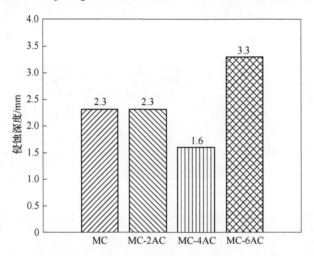

图 2-40 添加不同量 Ti_3AlC_2 的镁质含碳材料经碱性渣侵蚀后侵蚀深度统计结果

从图 2-41 (b) 中可以明显看到，高碱度熔渣对 MC-4AC 试样侵蚀后形成的隔离层（二维码彩图中黄线标注的灰色区域），通过面扫描 EDS 能谱分析可知，主要成分为矿渣相（$CaO-MgO-SiO_2-Al_2O_3$），耐火材料中的石墨被熔渣中的金属阳离子氧化，形成脱碳层，残留的多种氧化物发生化学反应生成高熔点的矿物相，随着侵蚀的不断发生，这种隔离层逐渐扩展并沉积。与之相比，未添加 Ti_3AlC_2

(a)　　　　　　　　　　　　　　(b)

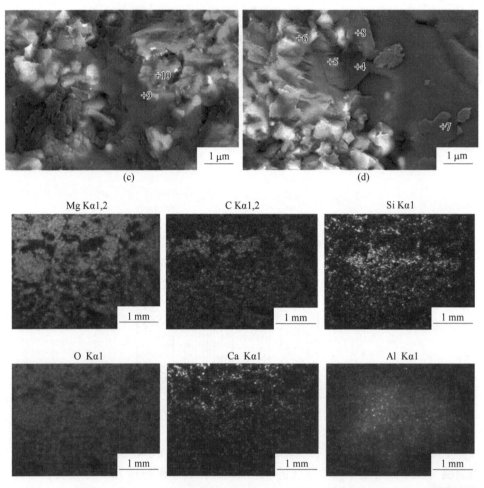

图 2-41 在 1600 ℃下反应 3 h 后 MC-4AC 试样与碱性渣反应的侵蚀
界面与元素扫描

彩图

的 MC 试样经过高碱度熔渣侵蚀后的微观结构明显疏松，孔隙较大，并且结构简单，未看见明显的隔离层。

根据表 2-19 分析可知，隔离层生成了 $CaO\text{-}MgO\text{-}SiO_2$（点 3，CMS）的固溶体，MgO 会遭受 CaO 与 SiO_2 的化学侵蚀，随着反应温度的升高，侵蚀程度也随之加剧，加快 MgO 的溶解速度，造成镁砂骨料被侵蚀留下大量孔洞。Ti_3AlC_2 的高温膨胀性造成基质的疏松结构加快了隔离层的形成。由于 Ti_3AlC_2 的引入，所以在耐火材料基质处会有含钛的氧化物与碳化物。TiC 是由于耐火材料在高温侵蚀状态下 Ti_3AlC_2 的分解产生的，具有层状结构的 TiC 能抵抗熔渣的侵蚀并且延缓熔渣对耐火材料的进一步渗透，造成局部熔渣中的 Ca^{2+}、Si^{4+} 的浓度升高，促进 MgO 在熔渣中过饱和而发生再结晶；TiO_2 是由于熔渣中的金属氧化物与

Ti₃AlC₂ 发生的阳离子置换反应所形成的。在高温环境下，TiO_2 与 MgO 发生化学反应生成镁钛固溶体，进一步降低 MgO 在熔渣中的溶解速率，提高镁质含碳耐火材料的抗侵蚀性。

表 2-19 图 2-41 部分点的能谱分析结果（质量分数） （%）

点	Mg	Al	Si	Ca	Ti	O	C	相
1	4.18	1.09	6.14	27.90	16.38	37.46	6.84	CMS+Slag
2	0.65	—	0.58	1.46	73.37	20.24	3.70	TiO₂
3	16.63	—	27.27	10.25	—	43.43	2.43	CMS
4	11.57	—	5.80	0.61	15.27	22.69	44.06	C
5	2.72	—	1.74	1.13	59.04	12.36	23.02	TiC
6	1.25	—	0.93	0.84	69.55	—	23.64	TiC
7	19.81	—	11.05	0.36	—	28.97	39.81	Mg₂SiO₄+C
8	23.95	—	13.33	—	0.91	40.78	21.04	Mg₂SiO₄+C
9	21.82	—	11.31	—	28.17	32.07	6.62	Mg₂SiO₄+TiC
10	5.35	0.51	1.94	—	65.62	16.28	10.29	TiO₂、TiC

2.2.2.2 酸性渣对低碳 MgO-Ti₃AlC₂-C 耐火材料的侵蚀研究

图 2-42 为用压片法制得的酸性渣与四种耐火材料在 1600 ℃下侵蚀 4 h 后的横切面照片，熔渣烧结明显且强度较大，未侵蚀的耐火材料结构较致密，但侵蚀层存在大量气孔。从宏观上观察酸性渣对于耐火材料的侵蚀程度，未添加 Ti₃AlC₂ 的试样（MC）侵蚀较严重，添加 Ti₃AlC₂ 的试样的抗渣侵蚀能力明显更强，对于添加不同含量 Ti₃AlC₂ 试样的侵蚀深度的统计结果，如图 2-43 所示。为探究 Ti₃AlC₂ 对镁碳质耐火材料抗侵蚀能力提升的机理、渣/耐之间反应层与隔离层的形貌和元素组成及浓度，下一步应借助 SEM 扫描电镜与 EDS 能谱仪进行深入研究。

数据结果说明添加 6%Ti₃AlC₂ 的低碳镁碳材料的抗酸渣的性能最好，对比不加 Ti₃AlC₂ 的低碳镁碳材料，添加 Ti₃AlC₂ 可以有效提高低碳镁碳材料的抗侵蚀性能。MC-6AC 试样的在 1600 ℃ 的高温下显气孔率最高，所以 MC-6AC 试样在高温条件下会有更多的气孔或裂纹为熔渣渗透提供通道，形成更多的固溶物或氧化物沉淀在原质层表面，形成更厚、面积更大的隔离层，以保护耐火材料不被熔渣侵蚀。

侵蚀后的 MC-6AC 试样和 MC 试样的总体显微形貌，如图 2-44 和图 2-45 所示，从 SEM 分析结果显示出两种试样中的渣/耐界面侵蚀形貌存在着明显差异。从侵蚀形貌可以看到加了 Ti₃AlC₂ 相后的低碳镁碳材料出现了隔离层。对图 2-44

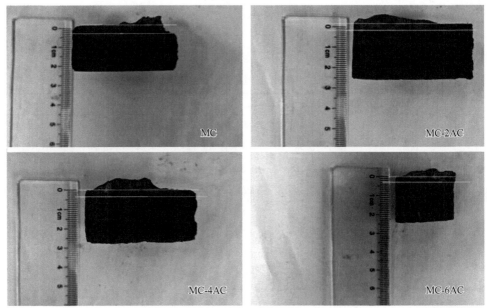

图 2-42　酸性渣侵蚀后试样横切面照片

彩图

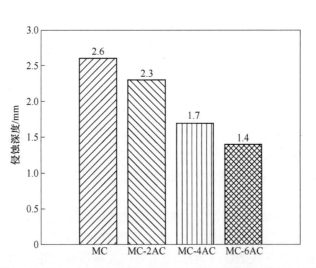

图 2-43　添加不同量 Ti_3AlC_2 的镁质含碳材料经酸性渣侵蚀后侵蚀深度统计结果

黄线（见二维码彩图）处作能谱分析可知，隔离层的主要元素组成为 Ca、Al、Si。在侵蚀过程中，MC-6AC 试样的反应层与渣中的元素发生反应，生成多种物质。在氧化镁骨料周围生成镁铬尖晶石与镁橄榄石，降低 MgO 在渣中的溶解度，防止熔渣对氧化镁骨料的进一步侵蚀，同时这两种矿物相均为高熔点相，可提高熔渣的黏度。基质处生成（$2CaO \cdot Al_2O_3 \cdot SiO_2$）固溶体抵挡熔渣的入侵，同样提高熔渣的黏度从而起到抑制耐火材料受到侵蚀的作用。

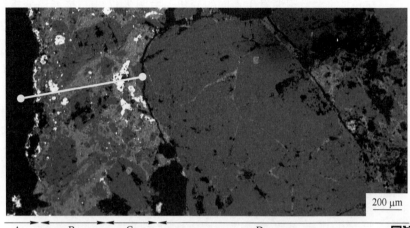

图 2-44 酸性渣侵蚀后 MC-6AC 试样的全貌

A—渣层；B—反应层；C—隔离层；D—原质层

彩图

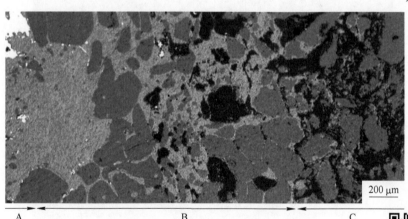

图 2-45 酸性渣侵蚀后 MC 试样的全貌

A—渣层；B—反应层；C—原质层

彩图

正如图 2-46 中点 1 所示，反应层与隔离层中最先生成了镁铬尖晶石（MgO·Cr₂O₃）。由此可知，耐火材料在与酸性渣反应时，首先遭受 Cr₂O₃ 的化学侵蚀。随着温度的升高，MgO 逐渐向渣中溶解，反应逐步进行的过程中，熔渣会持续渗透进入基质部分，耐火材料基质部分会与熔渣发生反应生成不同固溶体，如 2CaO·Al₂O₃·SiO₂（C₂AS）、CaO·Al₂O₃·2SiO₂（CAS₂）。低熔点相固溶体在高温下以液态形式存在，在发生高温侵蚀反应的过程中，耐火材料的基质部分会出现连续液相。图 2-46 各点的能谱分析结果见表 2-20。但是随着反应的深入，熔渣的 Ca^{2+} 与 Si^{4+} 的含量逐渐发生不同的变化，由图 2-47 线扫描能谱分析结果可知，在深入耐火材料的区域，熔渣中 Ca^{2+}/Si^{4+} 降低导致其流动性减弱，在氧化镁骨料周围形成 CAS_2，包裹着骨料保护其不受进一步的侵蚀。由于 Ti_3AlC_2 是以细粉的形式引入耐火材料体系，Ti_3AlC_2 与 MgO 细粉为耐火材料基质部分的主要成分。由于 Ti_3AlC_2 结构的特殊性质，引入 Ti_3AlC_2 就是引入 Al^{3+}，Al^{3+} 与 CaO、$2SiO_2$ 反应生成 C_2AS 的吉布斯自由能最小，最易发生向右反应，并且随着 Ti_3AlC_2 的加入量增加，液相渣的生成量逐渐增大，故而在 SEM 下观察到 MC-6AC 试样的隔离层最明显，抗渣侵蚀能力最强。

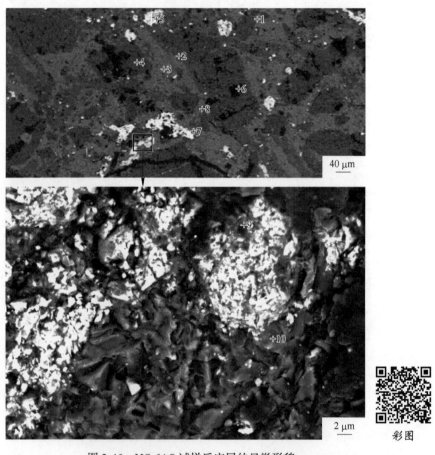

图 2-46　MC-6AC 试样反应层的显微形貌

综上所述，三元层状化合物 Ti_3AlC_2 的晶体结构为六方晶系，空间群为 P63/mmc，Ti-C 八面体被分层排列的 Al 原子分隔，C 原子位于八面体的中心。由于 Ti-C 之间形成的共价键键能强，强大的范德华力把 Ti 原子与 C 原子相连，Ti-Al

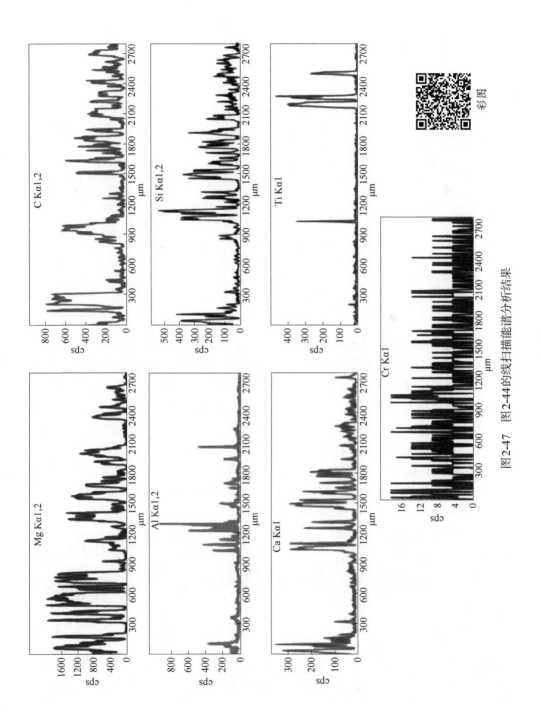

图 2-47　图 2-44 的线扫描能谱分析结果

表 2-20 图 2-46 各点的能谱分析结果（质量分数） （%）

点	Mg	Al	Si	Ca	Ti	Cr	O	C	相
1	24.67	—	5.66	13.65	—	22.87	28.91	4.24	$MgCr_2O_4$
2	17.16	—	18.22	23.81	—	—	36.11	4.70	C_2S、MgO
3	10.27	9.22	22.36	24.45	—	—	33.69	—	CS、MgO
4	50.59	0.64	—	—	—	—	33.67	14.46	MgO
5	1.27	0.77	1.07	2.44	67.03	—	7.75	19.68	TiC
6	50.58	—	—	—	—	—	36.66	12.76	MgO
7	—	—	8.58	7.98	31.53	—	—	51.92	TiC、C
8	9.22	22.36	13.57	14.45	6.71	—	33.69	—	C_2AS
9	—	8.94	19.13	18.41	17.12	—	30.36	5.98	TiC、CAS_2
10	—	15.70	18.38	8.07	—	—	57.84	—	CAS_2

键、Al-Al 层间形成的金属键键能弱，这赋予了其高模量的优异性能。在高温环境下，Al 原子会因为弱键结合而优先从结构中迁移出来。Al 离子具有高反应活性，被迅速氧化成 Al_2O_3，均匀地分布在试样的基质处。除此之外，Ti_3AlC_2 被氧化后会形成片状 TiC，如图 2-48 所示，图 2-48 各点的能谱分析结果见表 2-21。充当抗渣侵蚀的隔离层，保护材料不再继续被熔渣侵蚀，如图 2-49 所示，该形成过程中的相关反应包括式（2-28）与式（2-29）。如图 2-48（a）和（c）所示，TiC 与 MgO、石墨基质成分紧密连接，尤其与石墨的搭接［见图 2-48（e）］扩大了耐火材料基质部分的层状结构的面积，不仅可以提升耐火材料的高温力学性能，还可以提高耐火材料的抗熔渣渗透能力。

(a)　　　　　　　　　　　　　　　(b)

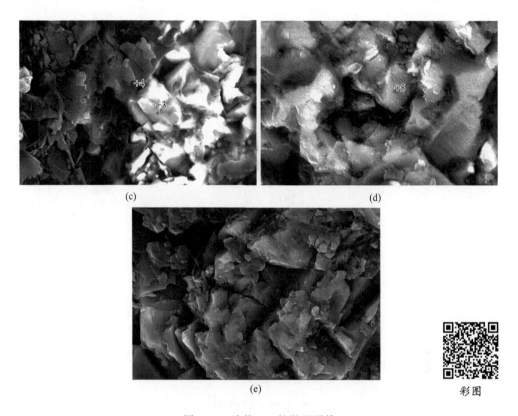

(c)   (d)

(e)

彩图

图 2-48 片状 TiC 的微观形貌

表 2-21 图 2-48 各点的能谱分析结果（质量分数）   （%）

点	Mg	Ti	Si	O	C	相
1	—	66.24	—	—	27.01	TiC
2	—	80.57	—	—	17.32	TiC
3	1.38	72.84	—	5.27	16.78	TiC
4	13.02	18.96	8.35	22.95	35.98	MgO、TiC、C
5	1.15	69.51	1.18	9.42	17.61	TiC

$$2Ti_3AlC_2 + 3CO \Longrightarrow 6TiC + Al_2O_3 + C \qquad (2\text{-}28)$$
$$2CaO + Al_2O_3 + SiO_2 \Longrightarrow Ca_2Al_2SiO_7 \qquad (2\text{-}29)$$

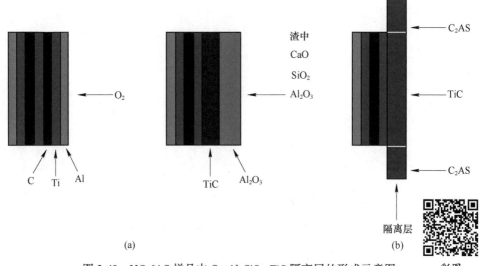

图 2-49 MC-6AC 样品中 $Ca_2Al_2SiO_7$-TiC 隔离层的形成示意图

（a）Ti_3AlC_2 表面氧化层的形成；（b）隔离层的形成

2.3 含 BN 的镁质含碳耐火材料

镁质含碳耐火材料的优良性能依赖于材料中碳的作用，但是在使用过程中碳往往易被氧化，使制品组织恶化，熔融金属或炉渣沿着缝隙渗透到材料中，侵蚀耐火材料基质和颗粒，从而影响镁质含碳耐火材料的使用寿命。为了提高镁质含碳耐火材料的抗氧化性，通常加入少量添加剂，常见添加剂一般包括 Si、Al、Mg、SiC、B_4C、TiN、BN、Al-Mg、Al-Mg-Ca 和 Si-Mg-Ca 等。

BN 具有良好的抗氧化性，高温条件下生成 B_2O_3 液相保护层，降低氧的扩散而阻止氧化的进一步进行。尽管 BN 烧结性能较差，但其具有优良的热力学性能及抗侵蚀性能，使其在复相耐火材料领域具有巨大的应用空间，尤其在还原性气氛下其性能会得到更好发挥。用后镁碳砖作为目前冶金行业和耐火材料行业的用后资源，最直接和有效的再利用方式就是作为原料用于制备再生镁质含碳耐火材料。镁质含碳耐火材料中氧化铝的引入会促进材料中原位尖晶石的生产，提高耐火材料的抗侵蚀性。本节重点针对 BN 的抗氧化机理以及 BN/ZrB_2 对镁质含碳耐火材料基质性能的影响进行分析和讨论。

2.3.1 BN 对镁质含碳耐火材料的影响

以电熔镁砂细粉、用后镁碳砖细粉和 α-Al_2O_3 微粉为主要原料，其化学组成见表 2-22。以酚醛树脂为结合剂，以 BN 微粉为添加剂。BN 微粉为分析纯，石墨为市售鳞片石墨。

表 2-22 主要原料的化学组成（质量分数）　　　　　　　　（%）

原　料	MgO	CaO	SiO_2	Fe_2O_3	Al_2O_3	酌减
电熔镁砂细粉（<0.074 mm）	97.07	1.31	0.71	0.75	—	0.2
用后镁碳砖细粉（<0.074 mm）	79.67	1.15	2.23	1.64	1.35	10.78
α-Al_2O_3 微粉（<0.044 mm）	—	0.12	0.15	—	99.10	—

按表 2-23 所示电熔镁砂细粉、用后镁碳砖细粉、α-Al_2O_3 微粉、石墨和添加剂 BN 微粉混合，在行星式球磨机中以 1200 r/min 的转速共磨 10 min。将结合剂酚醛树脂加入共磨粉中混炼均匀后，半干法机压成型，压制成 ϕ50 mm×30 mm 的试样，成型压力 150 MPa。成型后试样在 200 ℃ 干燥箱中热处理 24 h，然后在 1250 ℃、1375 ℃ 和 1500 ℃ 箱式电炉中保温 2 h 煅烧。

表 2-23 试验配方（质量分数）　　　　　　　　　　　　（%）

组　成	0 号	1 号	2 号	3 号	4 号	5 号
电熔镁砂（<0.074 mm）	60	59.5	59	58.5	58	57.5
用后镁碳砖（<0.074 mm）	20	20	20	20	20	20
α-Al_2O_3 微粉（<0.044 mm）	10	10	10	10	10	10
石墨	5	5	5	5	5	5
BN 微粉	0	0.5	1	1.5	2	2.5
酚醛树脂	5	5	5	5	5	5

按标准检测烧后试样的体积密度、显气孔率、常温耐压强度及烧后线收缩率。将烧后试样沿着垂直于压制方向的中间切开，观察试样内部抗氧化性情况。采用 Philips X'Pert-MPD 型 X 射线衍射仪分析烧后试样的相组成（Cu Kα1 辐射，管压 40 kV，管流 100 mA，步长 0.02°，扫描速度 4°/min，扫描范围 10°~90°）。利用 JSM6480 LV 型扫描电镜观察烧后试样的断口形貌。

2.3.1.1 常温性能

图 2-50 所示为 BN 加入量及煅烧温度对烧后试样体积密度、显气孔率、常温耐压强度和烧后线变化率的影响。从图 2-50（a）和（c）中可以看出：随着 BN 加入量的增加以及煅烧温度的升高，烧后试样的体积密度和常温耐压强度呈逐渐增大趋势。从图 2-50（b）和（d）中可以看出，随着 BN 加入量的增加以及煅烧温度的升高，烧后试样的显气孔率和烧后线变化率呈逐渐减小趋势。烧后试样体积密度增大说明材料致密性提高，说明加入 BN 和提高煅烧温度有利于提高烧后

试样致密性，常温耐压强度的增大也恰恰说明加入 BN 有利于提高镁质含碳材料的烧结性能，加之提高煅烧温度，更有利于固相反应过程中离子交换速度。从烧后镁质含碳材料随 BN 加入量增大显气孔率降低也可以说明烧后试样表面部分显气孔由于液相作用发生闭合效应。从图 2-50（d）可以看出烧后试样线变化率小于零，烧后试样出现不同程度收缩，进一步从宏观层面说明加入 BN 可以促进镁质含碳材料的烧结性，从 1500 ℃保温 2 h 烧后试样线变化率的变化趋势也可以看出随着煅烧温度从 1250 ℃升高到 1500 ℃，BN 对材料的促烧结性逐渐增强。

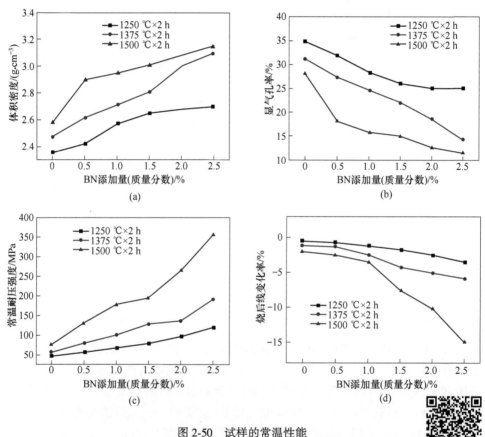

图 2-50　试样的常温性能
（a）体积密度；（b）显气孔率；（c）常温耐压强度；（d）烧后线变化率

彩图

　　为进一步分析 BN 及煅烧温度对镁质含碳材料性能作用的机理，现将材料中各组分在高温条件下可能发生的化学反应列于图 2-51 中，并对各反应生成吉布斯自由能与煅烧温度关系进行了梳理。图 2-51 所示有镁质含碳材料中主成分电熔镁砂和用后镁碳砖中氧化镁的还原反应方程和 α-Al$_2$O$_3$ 中氧化铝的还原反应方程，以及石墨主要成分碳和添加剂 BN 的氧化反应方程。可以看出在最高煅烧温度 1500 ℃以下，氧化镁和氧化铝的还原反应生成吉布斯自由能大于零，说明二者发生还原反应的可能性较小。而在试验反应温度 1250 ℃、1375 ℃和 1500 ℃，碳和 BN 的氧化反应生成吉布斯自由能均小于零，并且从图 2-51 中可以看出 BN 氧化反应远小于石墨中碳的氧化反应生成吉布斯自由能，说明 BN 材料在高温条件下优先与环境中氧发生反应生成三氧化二硼（熔点 450 ℃）。根据相关文献介绍，三氧化二硼会与基质中电熔镁砂及用后镁碳砖中的氧化镁反应生成低熔点相硼酸镁（3MgO·B_2O_3），当试验温度超过 1350 ℃时，硼酸镁会形成液相，并进一步吸收来自原料中的杂质形成更多液相。分析认为硼酸镁液相的生成是镁质含碳材料烧结性增强的主要原因，液相可以阻塞由于碳的消耗所形成的气孔以及结构中固有的显气孔，并避免石墨的进一步氧化；同时液相生成也会加速镁离子和铝离子的离子交换速度，促进材料结构中镁铝尖晶石的生成。然而从反应动力学角度分析，低温条件下在镁质含碳材料中加入 BN，形成的液相数量相对较少，液相层相对较薄，基质中不同位置的液相黏度不一致或液相结构不连续。然而随着煅烧温度的升高，硼酸镁剂液相数量增多，随着液相黏度降低，液相与基质材料的润湿性增强，防氧化效果进一步凸显。然而从煅烧温度升高、石墨中碳的活性增大角度分析，氮化硼的防氧化难度也相应增大。

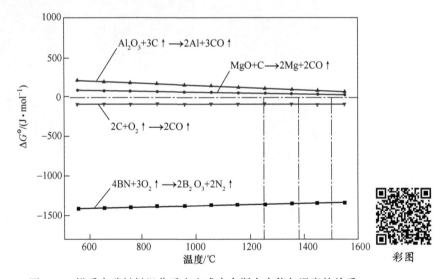

图 2-51　镁质含碳材料组分反应生成吉布斯自由能与温度的关系

2.3.1.2　抗氧化性

表 2-24 所示为 BN 加入量及煅烧温度对试样抗氧化性影响表。表中列出经 1250 ℃保温 2 h 烧后的 0 号和 4 号试样断面图、经 1375 ℃保温 2 h 烧后的 0 号、2 号和 4 号试样断面图及经 1500 ℃保温 2 h 烧后的 0 号和 4 号试样断面图。可以看出，随着煅烧温度的升高，烧后试样断面上氧化区域面积/未氧化区域面积的比值逐渐增大，其中煅烧制度为 1250 ℃保温 2 h 的 0 号试样已完全氧化。然而可

以看出，在试验的三个恒定煅烧温度条件下，普遍存在随 BN 加入量增大，烧后试样氧化区域面积逐渐减小而未氧化区域面积逐渐增大的现象。总体上讲，在一定的 BN 加入量和煅烧温度范围内，煅烧温度低以及 BN 加入量大，烧后试样的氧化现象不显著；反之，氧化现象尤其显著。

表 2-24 BN 加入量及煅烧温度对试样抗氧化性影响表

试样编号	0 号（0 BN）	2 号（1% BN）	4 号（2% BN）
1250 ℃×2 h		—	
1375 ℃×2 h			
1500 ℃×2 h		—	

2.3.1.3 微观结构

彩图

图 2-52 所示为镁质含碳耐火材料 1250 ℃和 1500 ℃烧后 0 号、2 号和 4 号试样氧化区域显微结构图。图中 1250 ℃烧后 0 号试样微观结构可以看出，结构明显疏松，大量气孔均匀分布，结构中颗粒间直接结合程度低；而随着 BN 加入量增大，1250 ℃烧后的 2 号和 4 号试样结构中，显气孔数量明显减少，结构变得致密，颗粒与基质间结合性强。这也从微观结构变化角度说明了加入 BN 后，烧后试样显气孔降低、常温耐压强度增大的必然性，再次证明了 BN 对镁质含碳耐火材料具有显著的促烧结性。对比 1500 ℃烧后 0 号、2 号和 4 号试样显微结构，同样发现相同的结构变化趋势，从图中 1500 ℃

烧后的 4 号试样中可以明显看出有发育良好的大颗粒矿物相生成，说明烧后试样氧化层中液相量的增大，促进了化学组成为氧化镁的方镁石以及化学组成为氧化镁和氧化铝的镁铝尖晶石晶粒的发育。镁铝尖晶石主要是由原料中的 $\alpha\text{-}Al_2O_3$ 与电熔镁砂中的氧化镁原位反应生成的，加入 $\alpha\text{-}Al_2O_3$ 微粉的主要目的也在于利用原位生成镁铝尖晶石所伴有的 5%~7% 的体积膨胀来抵消制品煅烧过程中的体积收缩。相关文献介绍，镁质含碳耐火材料中原位生成镁铝尖晶石可以提高制品的抗渣侵蚀性能。

图 2-52 1250 ℃ 和 1500 ℃ 烧后 0 号、2 号和 4 号试样显微结构图

2.3.1.4 物相组成

图 2-53 所示为镁质含碳耐火材料 1250 ℃、1375 ℃ 和 1500 ℃ 烧

后 0~5 号试样氧化区域矿物相组成分析 XRD 图谱。从各温度制度烧后试样的 XRD 图谱可以看出，各配方试样主晶相为方镁石，次晶相为镁铝尖晶石。经 1250 ℃ 烧后各配方试样矿物组成几乎不随 BN 加入量增大而发生显著变化。分析认为 BN 发生氧化反应，形成的氧化硼在高于 450 ℃ 即形成液相，而在 1250 ℃ 煅烧条件下，理论上可以与氧化镁反应生成硼酸镁。当试验温度超过 1350 ℃ 时，硼酸镁以液相形式存在，试验煅烧温度 1375 ℃ 和 1500 ℃ 条件下，硼酸镁理论上均以液相形式存在。从图 2-53 中 1375 ℃ 和 1500 ℃ 烧后各试样矿相组成上看，随着煅烧温度升高，主晶相方镁石及次晶相镁铝尖晶石相的衍射特征峰变得更为尖锐，说明方镁石和镁铝尖晶石的结晶特征更为明显，这与试样微观结构分析中结晶相发育良好相符合。

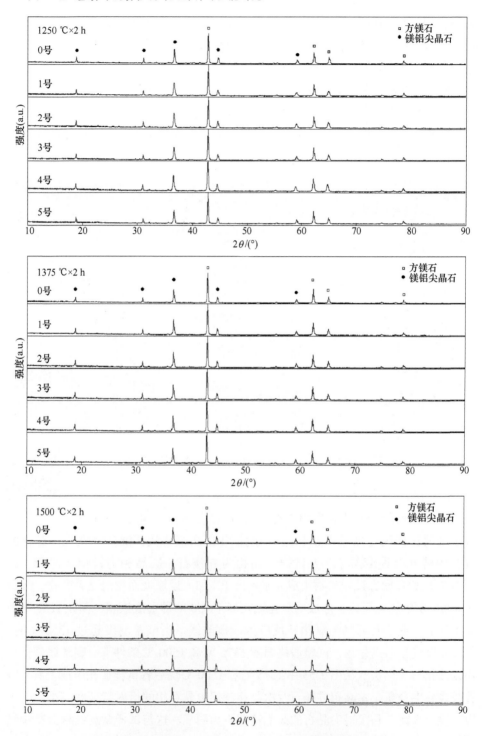

图 2-53 1250 ℃、1375 ℃和 1500 ℃烧后试样 XRD 图谱

由于添加剂BN加入量较少，并且在煅烧过程中理论上已经演变成硼酸镁液相，因此在大角度XRD分析图谱中不容易发现硼酸镁结晶相的衍射峰。但是为进一步说明试样煅烧过程中硼酸镁存在的必然性，试验针对5号配方试样进行再次煅烧，并采取缓慢方式冷却，促进高温液相中硼酸镁结晶。并且针对硼酸镁三强峰位置33.49°、40.34°和41.37°进行30°~45°的小角度XRD分析，硼酸镁三强峰位置对应特征晶面为（1、2、1）（2、1、1）和（1、3、1）。图2-54所示为1250 ℃、1375 ℃和1500 ℃烧后缓慢冷却的5号试样在30°~45°范围内XRD图谱。从1500 ℃烧后试样XRD图谱中可以较为清晰看出硼酸镁相在33.49°、40.34°和41.37°位置出现了特征峰，随着试验煅烧温度降低到1375 ℃和1250 ℃时，硼酸镁相的特征峰强度减小。

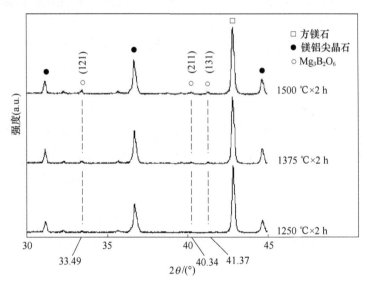

图2-54　1250 ℃、1375 ℃和1500 ℃烧后5号试样30°~45°范围内XRD图谱

2.3.2 BN/ZrB₂对镁质含碳耐火材料的影响

电熔镁砂细粉为市售97电熔镁砂，其化学组成：$w(MgO)=97.07\%$，$w(CaO)=1.31\%$，$w(SiO_2)=0.71\%$，$w(Fe_2O_3)=0.75\%$，灼减量为0.20%。用后镁碳砖细粉化学组成：$w(MgO)=79.67\%$，$w(CaO)=1.15\%$，$w(SiO_2)=2.23\%$，$w(Fe_2O_3)=1.64\%$，$w(Al_2O_3)=1.35\%$，灼减量为10.78%。α-Al₂O₃微粉化学组成：$w(CaO)=0.12\%$，$w(SiO_2)=0.15\%$，$w(Al_2O_3)=99.10\%$。酚醛树脂和鳞片石墨为市售产品。BN和ZrB₂微粉为分析纯。

按60%电熔镁砂细粉、20%用后镁碳砖细粉、10% α-Al₂O₃微粉、5%石墨和5%酚醛树脂结合剂为基础配方（质量分数），记为0号。分别向基础配方中加入

BN 和 ZrB$_2$ 配比为 1:1 的复合添加剂 0.5%、1.0%、1.5%、2.0% 和 2.5%，并相应减少电熔镁砂用量，分别记为 1~5 号。

首先将电熔镁砂细粉、用后镁碳砖细粉、α-Al$_2$O$_3$ 微粉、石墨及添加剂 BN、ZrB$_2$ 微粉混合，在行星式球磨机中以 1200 r/min 的转速共磨 10 min。然后将酚醛树脂加入共磨粉中混炼均匀，半干法机压成型，压制成 φ50 mm×30 mm 的试样，成型压力为 150 MPa。将成型后试样在 200 ℃ 干燥箱中热处理 24 h，得到 MgO-Al$_2$O$_3$-C 材料。在 1250 ℃、1375 ℃、1500 ℃ 条件下保温 2 h 煅烧。试样随炉冷却后待用。

冷却后试样进行体积密度、显气孔率、常温耐压强度及烧后线收缩率的烧结性能检测。将烧后试样沿着垂直于压制方向的中间切开，检测试样内部氧化层厚度，进行抗氧化性检测。采用 Philips X′Pert-MPD 型 X 射线衍射仪分析烧后试样的相组成（Cu Kα1 辐射，管压为 40 kV，管流为 100 mA，步长为 0.02°，扫描速度为 4°/min，扫描范围为 10°~80°）。利用 JSM6480 LV 型扫描电镜观察烧后试样的断口微观形貌。

2.3.2.1 常温性能

BN/ZrB$_2$ 加入量及煅烧温度对 MgO-Al$_2$O$_3$-C 材料烧后试样体积密度、显气孔率、常温耐压强度和烧后线变化率的影响，如图 2-55 所示。在试验的三种煅烧温度制度条件下，随着 BN/ZrB$_2$ 加入量增大，烧后试样的体积密度和常温耐压强度逐渐增大，显气孔率和烧后线变化率逐渐减小。说明加入 BN/ZrB$_2$ 复合添加剂有利于提高 MgO-Al$_2$O$_3$-C 材料的烧结性能，随着煅烧温度的升高，固相反应过程中离子交换速度加快，材料结构中部分气孔由于高温液相作用发生闭合效应，引起显气孔率降低及体积收缩。

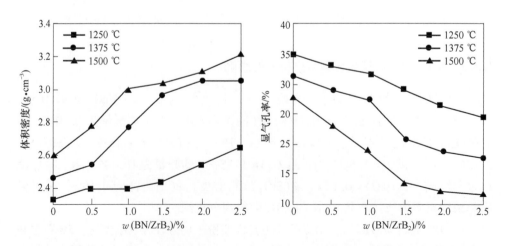

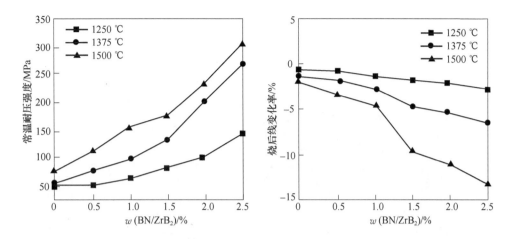

图 2-55 BN/ZrB$_2$ 加入量及煅烧温度对烧后试样体积密度、显气孔率、常温耐压强度和烧后线变化率的影响

2.3.2.2 热力学分析

图 2-56 为 BN、ZrB$_2$ 及 MgO-Al$_2$O$_3$-C 材料中 C 与环境中 O$_2$ 或 CO 的反应生成吉布斯自由能与温度的关系图。从图中可以看出与添加剂 BN 相关的反应有 3 个，其中在试验温度下（1250 ℃、1375 ℃、1500 ℃），BN 与 CO 反应生成 B$_2$O$_3$ 和 BO 的两个反应方程生成吉布斯自由能均大于零，因此判断发生此类反应可能性较小。而在试验煅烧温度下，石墨中 C 和添加剂中 BN 和 ZrB$_2$ 与环境中的氧气反应生成吉布斯自由能均小于零，反应生成吉布斯自由能大小关系为：ZrB$_2$<BN<C。说明 ZrB$_2$ 会优先于 BN 和石墨中的 C，在高温条件下与环境中氧发生反应生成 ZrO$_2$ 和 B$_2$O$_3$（熔点 450 ℃）。ZrB$_2$ 与 CO 反应生成吉布斯自由能虽然小于零，但随着煅烧温度升高，自由能值明显增大，且高于 ZrB$_2$、BN 和 C 直接与 O$_2$ 反应生成吉布斯自由能。分析结果说明复合添加剂 BN 和 ZrB$_2$ 均会优先于石墨中的 C 与环境中的 O$_2$ 反应，起到防氧化的作用。添加剂 BN 和 ZrB$_2$ 的氧化产物为 B$_2$O$_3$ 和 ZrO$_2$，其中 B$_2$O$_3$ 会与基质中电熔镁砂及用后镁碳砖中的 MgO 反应生成低熔点相 3MgO·B$_2$O$_3$，当温度超过 1350 ℃时，液相 3MgO·B$_2$O$_3$ 吸收来自原料中的杂质，形成的液相量更大。

2.3.2.3 抗氧化性

图 2-57 所示为 1250 ℃和 1500 ℃烧后 0 号、1 号、3 号和 5 号试样断面图。从图中 1250 ℃烧后试样断面氧化区域面积可以看出，随着添加剂 BN/ZrB$_2$ 加入量增大，烧后试样断面上氧化区域/未氧化区域面积的比值逐渐减小，说明添加剂 BN/ZrB$_2$ 确实起到防氧化作用。从 1500 ℃烧后试样（0 号、1 号、3 号到 5 号）

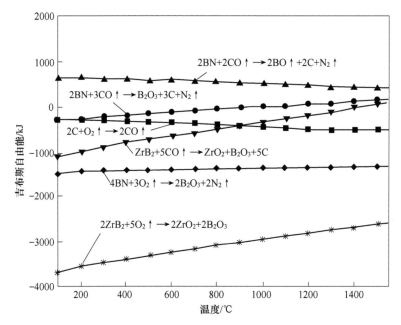

图 2-56   镁质含碳材料组分反应生成吉布斯自由能与温度的关系

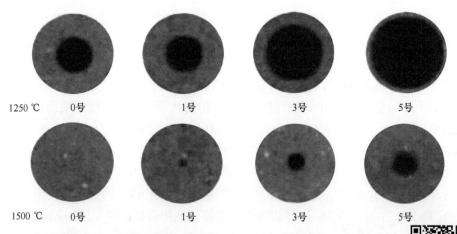

图 2-57   1250 ℃和 1500 ℃烧后 0 号、1 号、3 号和 5 号试样断面图

断面未氧化区域面积的逐渐增大也再次说明了 BN/ZrB$_2$ 的防氧化作
用。从图中也可以看出 1500 ℃保温 2 h 烧后 0 号试样中石墨及用后镁
碳砖中石墨已经完全氧化，而 1250 ℃保温 2 h 烧后 5 号试样中明显含碳最高。因
此，说明在一定的 BN/ZrB$_2$ 加入量和煅烧温度范围内，降低煅烧温度以及
BN/ZrB$_2$ 加入量，有利于提高 MgO-Al$_2$O$_3$-C 材料的抗氧化性。

2.3.2.4 微观结构

图 2-58 为 1250 ℃ 和 1500 ℃ 烧后 1 号、3 号和 5 号试样断面氧化部分区域放大 1000 倍的显微结构图。从图中 1250 ℃ 烧后 1 号试样断面结构可以看出，结构内部出现约几微米大小的气孔，且分布较为均匀。随着添加剂 BN/ZrB$_2$ 加入量增大，3 号和 5 号试样断面结构逐渐变得致密，颗粒间直接结合程度增大，说明 BN/ZrB$_2$ 氧化后形成的高温液相促进了固相反应进行。结合烧后试样常温性能的分析以及热力学计算分析结果可知，液相 B$_2$O$_3$ 对 MgO-Al$_2$O$_3$-C 材料具有显著的促烧结性。随着煅烧温度升高到 1500 ℃，可以看出烧后 1 号、3 号和 5 号试样断面致密度逐渐增强，颗粒间及颗粒与基质间结合强度逐渐增大。试验配料中加入了部分 α-Al$_2$O$_3$ 微粉，其目的是利用 α-Al$_2$O$_3$ 与电熔镁砂或用后镁碳砖中的 MgO 原位生成镁铝尖晶石所伴随的体积膨胀，抵消 MgO-Al$_2$O$_3$-C 材料烧结过程中发生的体积收缩。其次原位反应生成镁铝尖晶石可以显著提高 MgO-Al$_2$O$_3$-C 耐火材料的抗渣侵蚀性。但由于技术条件限制，在试样断面微观结构中未发现镁铝尖晶石。为进一步说明镁铝尖晶石形成的可能性及烧结过程中 B$_2$O$_3$ 的存在形式，试验对烧后试样进行了 X 射线衍射谱图分析。

图 2-58　1250 ℃（上行）和 1500 ℃（下行）烧后 1 号、3 号和 5 号试样显微结构图

彩图

2.3.2.5 物相组成

图 2-59 为 MgO-Al$_2$O$_3$-C 材料经 1250 ℃、1375 ℃、1500 ℃ 烧后的 0 号和 5 号试样氧化区域 X 射线衍射谱图。由图可以看出，0 号烧后试样矿物相组成为方镁石和镁铝尖晶石，未发现 Al$_2$O$_3$ 相，说明配方中 α-Al$_2$O$_3$ 已经完成相变，原位反应生成了镁铝尖晶石。同时随着煅烧温度由 1250 ℃ 升高到 1500 ℃，烧后试样矿物相中镁铝尖晶石相的衍射峰变得更加尖锐，镁铝尖晶石相的结晶特征更为显著，说明提高煅烧温度有利于原位反应生成镁铝尖晶石。5 号烧后试样矿物相组成为方镁石、镁铝尖晶石以及 1375 ℃ 和 1500 ℃ 烧后试样中出现的硼酸镁

（3MgO·B$_2$O$_3$）。由图可以看出，随着煅烧温度升高，硼酸镁相衍射峰强度增大。分析认为添加剂 BN 和 ZrB$_2$ 发生氧化反应，均会形成 B$_2$O$_3$，B$_2$O$_3$ 在高于 450 ℃即形成液相，实际上可以与电熔镁砂或用后镁碳砖中 MgO 反应生成 3MgO·B$_2$O$_3$。在 1375 ℃和 1500 ℃下，3MgO·B$_2$O$_3$ 就以液相形式存在，采用缓慢冷却方式，3MgO·B$_2$O$_3$ 可以从液相中逐渐析晶。对比 0 号和 5 号配方经 1500 ℃烧后试样矿物组成中镁铝尖晶石的衍射峰特征，发现加入 2.5%BN/ZrB$_2$ 添加剂的 5 号试样中镁铝尖晶石衍射峰特征更为明显，说明镁铝尖晶石晶体发育良好，有助于镁铝尖晶石结合方镁石结构的建立。此结果与微观结构分析中随着添加剂加入量增大，试样中颗粒间及颗粒与基质间直接强度逐渐增大的结论相符。分析认为：首先由于添加剂 BN 和 ZrB$_2$ 的氧化作用，在材料基质中形成部分液相，加快了 Mg^{2+} 和 Al^{3+} 的离子交换速度，促进镁铝尖晶石的原位固相反应进行；其次 ZrB$_2$ 的氧化产物包含 ZrO$_2$，而在 X 射线衍射谱图中未发现有与 ZrO$_2$ 相关的化合物结晶相生成，说明 ZrO$_2$ 参与了镁铝尖晶石的原位反应，并在镁铝尖晶石中形成固溶体。相关文献介绍，适量引入 ZrO$_2$ 有利于低品位菱镁矿中 MgO 与工业 Al$_2$O$_3$ 制备镁铝尖晶石材料。

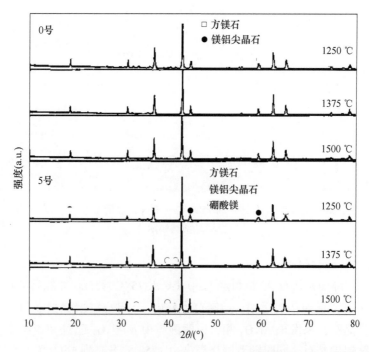

图 2-59　1250 ℃、1375 ℃、1500 ℃烧后 0 号和 5 号试样氧化区域 X 射线衍射谱图

3 骨料对镁质含碳耐火材料的性能研究

耐火骨料是指在耐火材料中起主要强度和性能支撑作用的耐火颗粒，是耐火材料的核心构成部分。它们经过煅烧、破碎加工或人工合成，以精准的粒度大于0.088 mm 的粒状形态呈现，占据了整个耐火材料 60%~75% 的比例。耐火骨料在耐火材料中起着至关重要的作用，通过优化构成耐火材料占比更大的骨料部分，可显著提高耐火材料的性能。本章介绍了一种新型镁质复相骨料，具有微纳米孔结构的 $MgO\text{-}Mg_2SiO_4$ 复相骨料，以此骨料制备了 $MgO\text{-}Mg_2SiO_4\text{-}SiC\text{-}C$ 耐火材料，对其性能进行研究。

3.1 微纳米孔 $MgO\text{-}Mg_2SiO_4$ 复相耐火骨料

复合骨料的性能受其物相组成和微观结构影响，镁橄榄石的线膨胀系数接近且低于方镁石，受线膨胀系数失配的作用在 $MgO\text{-}Mg_2SiO_4$ 复相骨料中形成微裂纹和微脱黏，有利于提高骨料的综合性能。受粒径分布的影响，使用两种不同粒径的原料制备的骨料往往具有双级孔径结构。向体系中添加纳米颗粒能够细化材料原有微米气孔，而且纳米颗粒堆积形成纳米孔，因此纳米颗粒的存在可以在耐火材料体系内制备微纳米孔结构。Hou Qingdong 等人通过溶胶浸渍法制备具有低体积密度和高抗折强度的微纳米孔镁质材料。具有微纳米孔结构的 $MgO\text{-}Mg_2SiO_4$ 复相骨料是一种具有开发潜力的耐火骨料，其制备及其抗热震性的研究具有重要意义。

本节中使用的原料为高硅菱镁矿和硅石。高硅菱镁矿是一种低品位菱镁矿，主要为 SiO_2 含量较高的天然菱镁矿或经开采选矿后的菱镁矿尾矿，作为工业废料利用率很低，通常被弃置，造成环境污染和空间浪费。由于高硅菱镁矿中杂质的主要化学成分为 SiO_2，还含有大量的方镁石，以高硅菱镁矿作为制备 $MgO\text{-}Mg_2SiO_4$ 骨料的主要原料，不仅减少了额外硅源的添加量，且充分利用废弃资源。硅石作为调整复相骨料中镁橄榄石占比的影响因素，硅溶胶作为调质剂，溶胶中的纳米 SiO_2 利于在原料中均匀分散，且溶胶具有超塑性和表面张力作用利于骨料形成纳米尺寸的闭口气孔。高硅菱镁矿和硅石经粉碎、研磨及筛分后获得细粉（< 0.074 mm）。菱镁矿具有母盐假相，即 $MgCO_3$ 分解后形成方镁石的微晶聚合体，但仍残留着母体菱镁矿颗粒的外形结构，其中除 MgO 微晶外还有大量

的 CO_2 逸出后形成的空隙。如果将菱镁矿细粉直接用作制备耐火骨料的原料，则会形成许多开口气孔和贯通气孔，会严重影响耐火材料的力学性能和抗渣性，不能满足工作衬用耐火骨料的要求。因此，将高硅菱镁矿细粉在 850 ℃ 下煅烧 1 h 后，使 $MgCO_3$ 完全分解为 MgO，球磨粉料 4 h 破坏其母盐假相结构，筛分后获得高硅菱镁矿轻烧粉。图 3-1 为原料的微观结构，在轻烧和细磨高硅菱镁矿后［见图 3-1 (b)］，粉末的粒度减小，且微观结构也发生变化，说明菱镁矿的母盐假相被破坏。

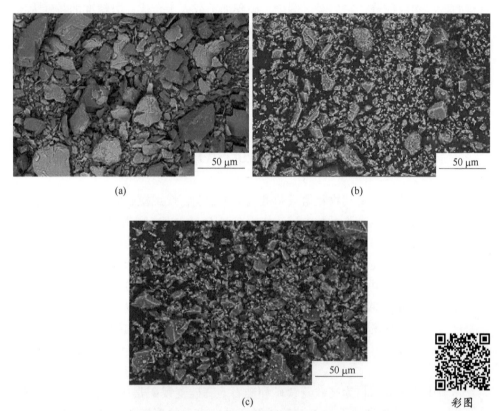

(a)

(b)

(c)

彩图

图 3-1　原料的微观结构照片

(a) 高硅菱镁矿细粉；(b) 高硅菱镁矿轻烧粉；(c) 硅石细粉

试样的原料组成见表 3-1。将原料准确称量后先预混，之后在行星球磨机中混料 6 h，这有助于均匀混合原料，细化原料粒度，通过机械活化可以提高镁橄榄石的合成率。将混匀料在 200 MPa 下压制成 ϕ36 mm × 40 mm 的圆柱坯料和 25 mm × 25 mm × 125 mm 的条形坯料，坯料在 110 ℃ 下干燥 12 h，然后在高温炉内加热至 1500 ℃，保温 3 h，随炉冷却后制得试样，进行后续检验。

表 3-1　MgO-Mg$_2$SiO$_4$ 骨料试样的原料组成（质量分数）　　　（%）

试样编号	高硅菱镁矿轻烧粉	硅石细粉	硅溶胶
S0	100	—	+5
S1	99	1	+5
S3	97	3	+5
S5	95	5	+5
S10	90	10	+5

本节通过 XRD 进行试样的物相分析，利用 Rietveld 方法进行半定量分析物相组成。通过 SEM 观察试样的微观结构，利用 EDS 进行元素组成分析。利用压汞法分析骨料的孔径分布。通过显气孔率、闭气孔率、相对密度及体积密度表征试样的结构性能，在计算闭气孔率和相对密度的公式中，MgO 的理论密度 TD_i 为 3.58 g/cm^3，Mg$_2$SiO$_4$ 的理论密度 TD_i 为 3.22 g/cm^3。

$$AP = \frac{M_3 - M_1}{M_3 - M_2} \times 100\% \tag{3-1}$$

$$BD = \frac{M_1 D}{M_3 - M_2} \tag{3-2}$$

式中　AP——试样的显气孔率,%；

　　　M_1——干燥试样质量，g；

　　　M_2——饱和试样的表观质量，g；

　　　M_3——饱和试样在空气中质量，g；

　　　BD——试样的体积密度，g/cm^3；

　　　D——在试验温度下浸渍液的密度，本试验以水为介质，g/cm^3。

参照式（3-3）和式（3-4）计算试样的相对密度和闭气孔率。

$$RD = \frac{BD}{\sum TD_i \times R_i} \tag{3-3}$$

$$CP = (1 - RD) \times 100\% - AP \tag{3-4}$$

式中　RD——相对密度,%；

　　　TD_i——理论密度，g/cm^3；

　　　R_i——试样中 i 相的比例；

　　　CP——闭气孔率,%。

通过常温耐压强度、断裂韧性及弹性模量表征试样的力学性能。通过导热系数（1000 ℃、500 ℃）和平均线膨胀系数评价试样的热学性能。通过热震试验后的残余耐压强度、残余耐压强度比、热震后试样在扫描电镜下的裂纹扩展路径及 Hasselman 抗热震稳定因子 R'_{st} 评价试样的抗热震性。用 HSC chemistry 软件计算反应的标准吉布斯自由能（$\Delta G^{\ominus}$），进行热力学分析。

3.1.1 骨料的物相组成和微观结构

为分析硅石添加量对 MgO-Mg$_2$SiO$_4$ 骨料试样物相组成的影响，进行了 XRD 分析，结果如图 3-2 所示。所有试样在 1500 ℃ 热处理后均含有方镁石和镁橄榄石相，即合成了目标产物。在各试样的 XRD 图谱中均看不到 SiO$_2$ 特征峰的存在，说明硅石、硅溶胶及高硅菱镁矿中的 SiO$_2$ 都已充分与方镁石反应，形成镁橄榄石。随着硅石含量的增加，方镁石相的特征峰强度逐渐减弱，镁橄榄石相的特征峰逐渐增强。这是由于硅石的添加，使原料中 SiO$_2$ 质量占比增加，SiO$_2$ 与

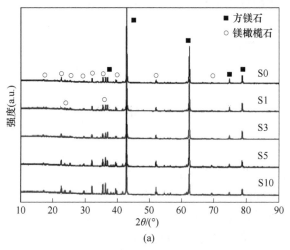

(a)

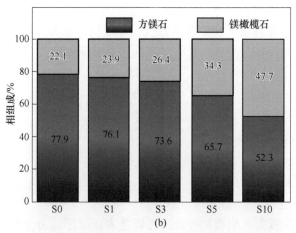

(b)

彩图

图 3-2　不同硅石添加量的 MgO-Mg$_2$SiO$_4$ 骨料试样的相分析结果

（a）各试样的 XRD 图谱；（b）各试样的组成含量

MgO 反应形成镁橄榄石，因此消耗了方镁石。对于试样 S0，尽管没有额外添加的硅石，在 XRD 图谱中仍检测出镁橄榄石相，是由于高硅菱镁矿中的杂质 SiO$_2$ 和硅溶胶中的纳米 SiO$_2$ 充当硅源与 MgO 反应形成镁橄榄石。为便于后续研究硅石添加量对试样性能的影响，使用 Rietveld 方法半定量评估试样中各相含量，结果如图 3-2（b）所示。镁橄榄石的合成量随着原料中硅石含量的增加而增加，在复合骨料中的质量分数占比由试样 S0 的 22.1% 增长到试样 S10 的 47.7%。

对不同硅石添加量的 MgO-Mg$_2$SiO$_4$ 骨料试样进行微观结构分析，结果如图 3-3 所示。通过微观结构照片和 EDS（见表 3-2）分析可知，主晶相方镁石是由一个个独立晶粒组成的，次晶相镁橄榄石包括独立的微米级晶粒和在方镁石晶粒之间粒径较小的纳米级晶粒。与方镁石反应合成镁橄榄石的 SiO$_2$ 来源包括高硅菱镁矿、硅石及硅溶胶，硅源的不同影响镁橄榄石的微观结构。方镁石的晶体结构为立方晶系，而镁橄榄石的晶体结构为斜方晶系，晶体结构的差异使方镁石和镁橄榄石在相同粒度下结合欠佳。由于硅溶胶作为调质剂提供的 SiO$_2$ 是纳米尺度的，因此纳米级镁橄榄石能够提高复相骨料中异相之间的结合强度。随着硅石含量的增加，方镁石晶粒尺寸减小，复相骨料中方镁石的晶粒尺寸较为均匀，也表明镁橄榄石的存在减少主晶相晶粒的异常生长。

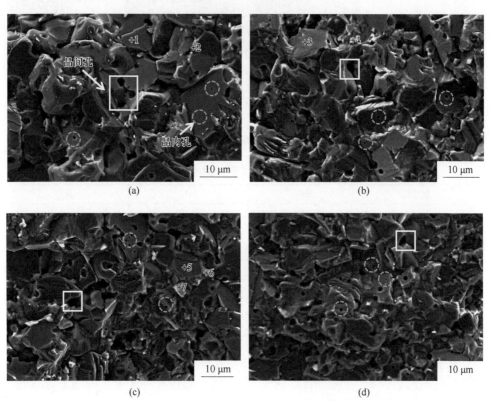

(a)   (b)

(c)   (d)

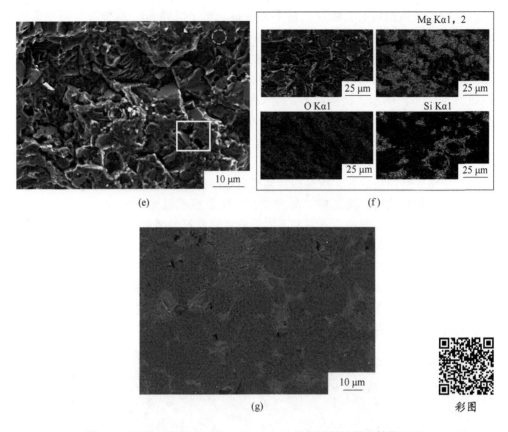

图 3-3   不同硅石添加量的 MgO-Mg$_2$SiO$_4$ 骨料试样的微观结构照片

(a) 试样 S0 的断口表面；(b) 试样 S1 的断口表面；(c) 试样 S3 的断口表面；(d) 试样 S5 的断口表面；
(e) 试样 S10 的断口表面；(f) 试样 S3 的 EDS 面扫结果；(g) 试样 S1 的抛光表面

表 3-2   图 3-3 中标注点的 EDS 分析结果

点	Mg	O	Si
1	53. 41	46. 59	—
2	28. 14	57. 29	14. 57
3	56. 53	43. 47	—
4	30. 28	54. 58	15. 14
5	53. 62	46. 38	—
6	29. 57	55. 57	14. 86
7	27. 85	55. 44	16. 71

在 MgO-Mg$_2$SiO$_4$ 骨料试样的微观结构照片中可见，方镁石的晶粒间或方镁石和镁橄榄石晶粒间有一些微米级气孔，在方镁石晶内有一些更小的纳米级气孔，图 3-4 所示为微纳米孔形成过程的示意图。

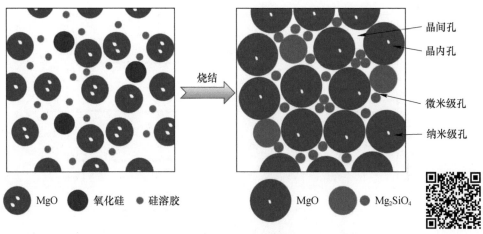

图 3-4　骨料中微纳米孔的形成机理示意图　　　　彩图

　　在烧结前各物相间的缝隙较大，随着烧结，颗粒间开始产生键合和重排，粒子相互靠拢，大空隙消失，烧结后各相的晶粒均发生长大、相互接触。晶粒长大是由晶粒的互相吞并来完成的，而这种吞并又是通过晶界的逐渐移动而进行的，气孔为晶粒的长大提供空间。烧结后试样中气孔结构包括晶内孔和晶间孔，其形成与硅溶胶的作用有关。纳米材料由于其高扩散系数而表现出优异的超塑性，超塑性是指晶粒尺寸细小的无机材料在较高的温度下受到一个缓慢增大的荷载作用时，其永久形变能力会发生较大幅度的提高，大于常规变形极限。根据材料内部导致超塑性形变机制的不同，无机材料的超塑性一般可以分为相变超塑性和微颗粒超塑性两大类，溶胶的超塑性属于微颗粒超塑性，由晶界滑移引起超塑性形变，属于非牛顿流动，本质上是类晶界滑移现象，通过晶界滑动变形的能力提高晶界迁移速度和闭合孔隙，硅溶胶的超塑性作用在热处理早期促进晶内纳米孔的形成。硅溶胶还为体系提供纳米尺寸的 SiO$_2$，由于纳米颗粒的团聚效应，纳米颗粒间也形成了纳米孔。在热处理的最后阶段，硅溶胶的表面作用大于其超塑性效应，收缩和生长同时发生，导致晶间孔的形成，晶间孔隙主要是微米级的，这些微孔在晶粒堆积作用下形成，纳米颗粒还可以分隔微米孔，达到细化气孔的作用。如图 3-5 中的孔径分布曲线所示，随着原料中硅石含量的增加，峰向左移动，峰强增加，且存在多峰分布，峰值分别在 300～800 nm 和 1～3 μm。因此通过溶胶作为调质剂，在 MgO-Mg$_2$SiO$_4$ 骨料中可以形成微纳米孔结构。

3.1.2　MgO-Mg$_2$SiO$_4$ 骨料的合成机制

　　对 MgO-Mg$_2$SiO$_4$ 骨料中镁橄榄石的反应过程进行热力学分析，结果如图 3-6 所示。以 MgO 和 SiO$_2$ 为反应物、Mg$_2$SiO$_4$ 为生成物的反应式 (3-5) 和以 MgO 和

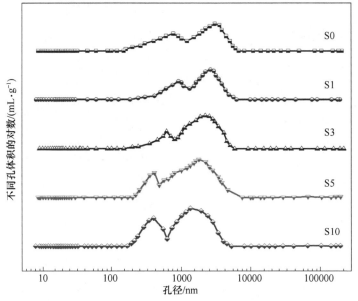

图 3-5 不同硅石添加量的 $MgO\text{-}Mg_2SiO_4$ 骨料试样的孔径分布曲线

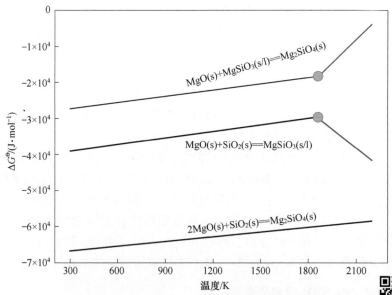

图 3-6 反应式（3-1）~式（3-6）的 $\Delta G^{\ominus}$ 与温度之间的关系

彩图

SiO_2 为反应物、$MgSiO_3$ 为生成物的反应式（3-6）~式（3-8）的标准吉布斯自由能变化（$\Delta G^{\ominus}$）均为负值，说明在本试验的热处理温度下镁橄榄石（Mg_2SiO_4）或顽火辉石（$MgSiO_3$）都有可能作为反应产物。在镁硅氧体系中，方镁石（2800 ℃）和镁橄榄石（1890 ℃）是高熔点相，顽火辉石（1575 ℃）属于低熔点相，顽火辉石的存在会降低复相耐火材料的高温性能。根据反应式（3-9）和式（3-10），当体系是富 MgO 时，$MgSiO_3$ 会继续与 MgO 反应合成 Mg_2SiO_4，$MgSiO_3$ 作为反应过程的中间产物存在，且顽火辉石有促烧结的作用，可以加速镁橄榄石的合成。尽管以 MgO 和 SiO_2 为反应物生成 $MgSiO_3$ 的 $\Delta G^{\ominus}$ 小于零，但生成 Mg_2SiO_4 的 $\Delta G^{\ominus}$ 小于 $MgSiO_3$，这表明由方镁石和硅石等硅源合成的镁橄榄石比顽火辉石更稳定。根据图 3-7 所示的 MgO-SiO_2 二元相图，本试验中所有试样的最终产物均为方镁石和镁橄榄石，其共存温度为 1850 ℃，满足耐火骨料的使用温度要求。

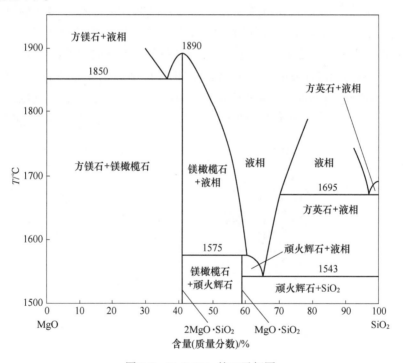

图 3-7 MgO-SiO_2 的二元相图

$$2MgO(s) + SiO_2(s) = Mg_2SiO_4(s), \quad \Delta G^{\ominus} = -68200 + 4.31T$$
$$(T < 2171.15 \text{ K}) \tag{3-5}$$

$$MgO(s) + SiO_2(s) = MgSiO_3(s), \quad \Delta G^{\ominus} = -41100 + 6.1T$$
$$(T < 1850.15 \text{ K}) \tag{3-6}$$

$$MgSiO_3(s) === MgSiO_3(l), \quad \Delta G^{\ominus} = 75300 - 40.6T$$
$$(T = 1850.15 \text{ K}) \tag{3-7}$$

$$MgO(s) + SiO_2(s) === MgSiO_3(l), \quad \Delta G^{\ominus} = 34200 - 34.5T$$
$$(T > 1850.15 \text{ K}) \tag{3-8}$$

$$MgO(s) + MgSiO_3(s) === Mg_2SiO_4(s), \quad \Delta G^{\ominus} = -29014 + 5.75T$$
$$(T < 1850.15 \text{ K}) \tag{3-9}$$

$$MgO(s) + MgSiO_3(l) === Mg_2SiO_4(s), \quad \Delta G^{\ominus} = -96647 + 42.05T$$
$$(T > 1850.15 \text{ K}) \tag{3-10}$$

图 3-8 为 MgO 和 SiO$_2$ 的反应机理示意图。由于 MgO 中 Mg 和 O 之间的键是离子键，SiO$_2$ 中 Si 和 O 之间的键是共价键，离子键的静电引力作用低于共价键，因此 MgO 和 SiO$_2$ 反应合成 Mg$_2$SiO$_4$ 时，Mg^{2+} 和 O^{2-} 分离完成化学反应。陈勇等人将镁砂和石英磨平后对接，在 1300 ℃下保温 10 h，通过扫描电镜观察镁砂和石英的界面并进行 EDS 面部元素分析，发现石英颗粒中与镁砂接触的界面及石英内部均能检验到 Mg 元素，在镁砂颗粒中几乎没有 Si 元素的存在，这也说明了 MgO 和 SiO$_2$ 发生化学反应是以 Mg^{2+} 的迁移主导的。本试验中 Mg^{2+} 首先与 SiO$_2$ 反应，在 SiO$_2$ 表面形成 MgSiO$_3$，外部 Mg^{2+} 继续迁移到 SiO$_2$ 并与 MgSiO$_3$ 反应形成 Mg$_2$SiO$_4$，Mg^{2+} 继续向 SiO$_2$ 内部迁移并形成 MgSiO$_3$。在反应过程中，SiO$_2$ 作为核，MgSiO$_3$ 作为中间层，Mg$_2$SiO$_4$ 作为外层，上述反应持续进行直到 Mg$_2$SiO$_4$ 完全合成。

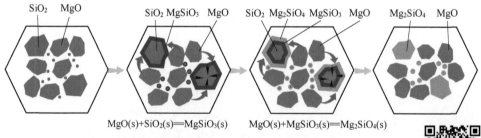

图 3-8 MgO 和 SiO$_2$ 的反应机理示意图

彩图

3.1.3 骨料的物理性能

对不同硅石添加量的 MgO-Mg$_2$SiO$_4$ 骨料试样进行结构性能分析，如图 3-9 所示。随着原料中硅石含量的增加，试样的气孔率（包括显气孔率和闭气孔率）逐渐增加，密度（包括体积密度和相对密度）逐渐降低。具有最高体积密度和相对密度、最低显气孔率和闭气孔率的为试样 S0（分别为 3.17 g/cm^3、90.3%、6.3% 和 3.4%）。由于镁橄榄石的理论密度（3.22 g/cm^3）低于方镁石的理论密度（3.58 g/cm^3），体积密度随着镁橄榄石合成量的增加而降低。根据镁橄榄石的合成机制，反应主要通过 Mg^{2+} 的迁移完成，虽然镁橄榄石的合成产生部分体积膨胀，但它不能完全抵消 Mg^{2+} 迁移形成的空位。此外，当产生大量镁橄榄石时，晶粒生长的速度超过孔隙迁移速度，气孔通常不会完全消除。因此，试样 S0 到 S10 的气孔率随着镁橄榄石含量的增加而增加。

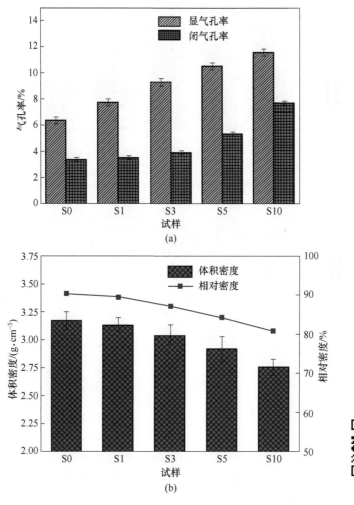

图 3-9 不同硅石添加量的 MgO-Mg$_2$SiO$_4$ 骨料试样的结构性能

(a) 显气孔率和闭气孔率；(b) 体积密度和相对密度

通过常温耐压强度、弹性模量及断裂韧性评价不同硅石添加量的 MgO-Mg$_2$SiO$_4$ 骨料试样的力学性能，结果如图 3-10 所示。

常温耐压强度从试样 S0 的 263.2 MPa 增加到试样 S1 的 276.8 MPa，然后下降，最终降低到试样 S10 的 156.6 MPa，除试样 S1 外，常温耐压强度的变化趋势与体积密度的变化趋势一致。由于镁橄榄石的存在具有第二相弥散增韧的作用，

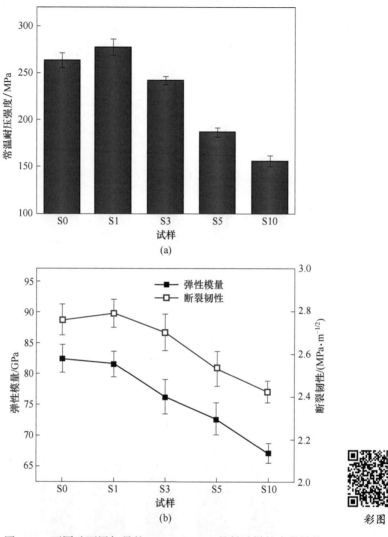

图 3-10　不同硅石添加量的 $MgO\text{-}Mg_2SiO_4$ 骨料试样的力学性能

（a）常温耐压强度；（b）弹性模量和断裂韧性

S1 的常温耐压强度略高于试样 S0，随着气孔率的持续增加，发生气孔集中，受力时试样出现应力集中，试样的耐压强度下降。试样 S0 的弹性模量最大，为 82.4 GPa，试样 S10 的弹性模量最小，为 67.2 GPa，相比于试样 S0 降低 18.4%。由于镁橄榄石的弹性模量约为方镁石的 2/3，随着镁橄榄石合成量的增加，试样弹性模量降低。断裂韧性与常温耐压强度的变化趋势一致，最高值出现在试样 S1，为 2.79 MPa·$m^{1/2}$。基于上述分析，试样 S1 的综合力学性能最好，随着 $MgO\text{-}Mg_2SiO_4$ 骨料中镁橄榄石含量继续增加，力学性能降低。

3.1.4 骨料的抗热震性

不同硅石添加量的 MgO-Mg$_2$SiO$_4$ 骨料试样的线膨胀系数和导热系数如图 3-11 所示，骨料热学性能受其物相组成和微观结构影响，同时也随温度区间的变化而不同。随着硅石含量的增加，试样显示出更低的平均线膨胀系数，线膨胀系数最高的为试样 S0（13.08×10^{-6} ℃$^{-1}$），最低的为试样 S10（10.71×10^{-6} ℃$^{-1}$）。这是因为镁橄榄石相较于方镁石具有更低的线膨胀系数，合成的镁橄榄石量增加，线膨胀系数下降。在同一温度下，随着硅石含量的增加，试样的导热系数下降，试样 S0 具有最高的导热系数，试样 S10 的导热系数最低。在物相组成方面，因为

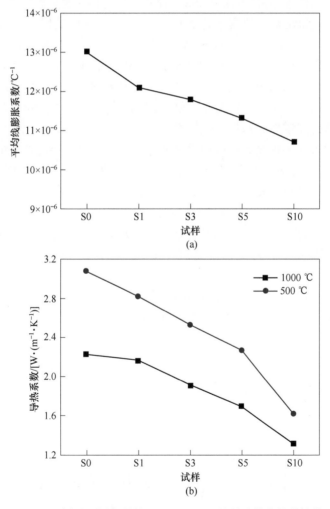

(a)

彩图

图 3-11 不同硅石添加量的 MgO-Mg$_2$SiO$_4$ 骨料试样的热学性能

(a) 平均线膨胀系数；(b) 导热系数

镁橄榄石的导热系数低于方镁石，含有镁橄榄石相更多的试样其导热系数更低。在微观结构方面，热量在气相的传导率低于在固相的传导率，试样的气孔率增加，固相的面积占比降低，因此导热系数下降，隔热能力提高，低热导率的试样具有更好的隔热性能，可以减少服役过程中热量的散失。同一试样在 1000 ℃ 的导热系数大于该试样在 500 ℃ 的导热系数。晶体的主要载流子是声子，声子可看作量子化的晶格振动，即热量依靠晶格振动的格波来传导，格波在晶体中传播时遇到的散射，看作声子同晶体中质点的碰撞。温度的升高使结晶相中的振动增加，声子数增加，碰撞概率增大，平均自由程减小，因此导热系数随着温度升高而降低。

对不同硅石添加量的 MgO-Mg$_2$SiO$_4$ 骨料试样进行 3 次热震试验后检验其残余耐压强度 CCS_{TS} 和残余耐压强度比 δ，CCS_{TS} 和 δ 是评估试样抗热震性的常用指标。如图 3-12 (a) 所示，试样 S1 具有最高的 CCS_{TS}，试样 S3 具有最高的 δ。CCS_{TS} 值从试样 S0 的 205.3 MPa 增加到试样 S1 的 224.5 MPa，然后降低到试样 S10 的 118.2 MPa。δ 值从试样 S0 的 78.00% 增加到试样 S3 的 83.15%，然后降低到试样 S10 的 75.51%。上述热震参数的变化说明在 MgO-Mg$_2$SiO$_4$ 骨料中添加适量的硅石能够提高镁质骨料的抗热震性。

热震后耐火材料强度的降低通常是准静态的，取决于温度梯度的变化，可以使用 Hasselman 抗热震稳定因子 R'_{st} 分析试样的抗热震性，结果如图 3-12 (b) 所示。随着原料中硅石含量的增加，R'_{st} 值先增加后下降，在试样 S1 取得最大值，为 7.07 W·m$^{-1/2}$，整体变化规律与试样的残余耐压强度一致。根据抗热震稳定因子 R'_{st} [式 (3-11)]，试样抵抗热震的能力受材料的热导率、断裂韧性、线膨胀系数及弹性模量的影响。根据力学性能和热学性能的分析，随着原料中硅石含量的增

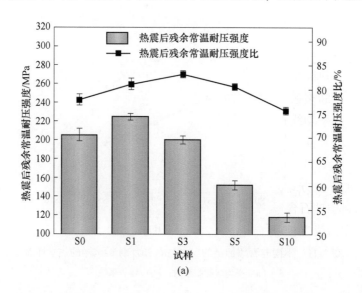

(a)

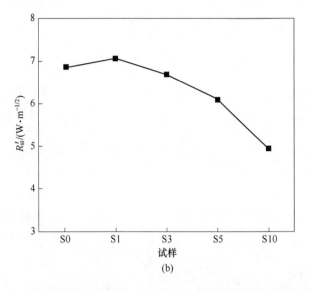

彩图

图 3-12 不同硅石添加量的 MgO-Mg₂SiO₄ 骨料试样的抗热震性

（a）热震试验后的常温耐压强度和残余耐压强度比；（b）抗热震稳定性因子

加，试样的热导率下降，线膨胀系数下降，弹性模量下降，断裂韧性先增加后下降并在试样 S1 处取得最大值。MgO-Mg₂SiO₄ 骨料抗热震性的增强主要是通过镁橄榄石降低系统的平均线膨胀系数和弹性模量及通过第二相增韧提高了断裂韧性实现的。然而，当镁橄榄石过多时，体系内气孔率升高，导热系数降低，热应力随着温度梯度的增加而增加，抗热震稳定性因子降低。

$$R'_{st} = \frac{\lambda K_{IC}}{\alpha E} \tag{3-11}$$

式中　R'_{st}——抗热震稳定因子；

　　　λ——热导率；

　　　K_{IC}——断裂韧性；

　　　α——平均线膨胀系数；

　　　E——弹性模量。

为进一步分析 MgO-Mg₂SiO₄ 骨料抗热震性的提升机制，通过 SEM 观察试样热震后裂纹的扩展方式，如图 3-13 所示。

随着原料中硅石含量的增加，镁橄榄石合成量及气孔率均增加，镁橄榄石和气孔均可以作为第二相起到增韧作用，第二相的存在触发裂纹桥接效应，从而增加裂纹扩展的阻力使裂纹发生偏转，增加扩展路径，消耗裂纹扩展所需的能量，减少对骨料的破坏。此外，镁橄榄石和方镁石的结合使复相骨料线膨胀系数失

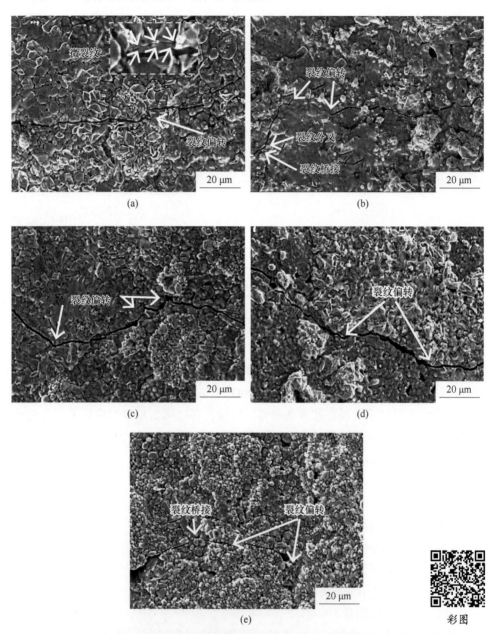

图 3-13　热震试验后不同硅石添加量的 $MgO\text{-}Mg_2SiO_4$ 骨料试样的微观结构照片

（a）试样 S0；（b）试样 S1；（c）试样 S3；（d）试样 S5；（e）试样 S10

配，在热处理过程中形成微裂纹，温度变化产生热应力形成的主裂纹在微裂纹处偏转。由于试样 S1 中存在更多裂纹偏转、分叉及桥接效应，裂纹更窄且更曲折。当镁橄榄石的含量继续增加，复相骨料中的线膨胀系数差异增加，裂纹增宽，试样 S3~S10 的抗热震性下降。上述结果表明，通过调整原料配比可以制备具有微纳米孔结构的高抗热震 MgO-Mg$_2$SiO$_4$ 复相骨料。

3.2 含 MgO-Mg$_2$SiO$_4$ 复相骨料的镁质含碳耐火材料

本节使用的原料为电熔镁砂骨料、实验室制微纳米孔 MgO-Mg$_2$SiO$_4$ 复相骨料（MgO 76.1%、Mg$_2$SiO$_4$ 23.9%质量分数）、电熔镁砂细粉、单质硅粉、鳞片石墨及液态热固性酚醛树脂。试验配方见表 3-3。首先将骨料混匀，然后加入液态酚醛树脂，使骨料外均匀包裹着树脂，加入预混的粉料，将混匀料在 200 MPa 下压制成 ϕ36 mm × 36 mm 的圆柱形坯料和 40 mm × 40 mm × 160 mm 的条形坯料。坯料经 200 ℃ 固化 24 h 后，经 1600 ℃ 埋碳煅烧 3 h，得到 MgO-Mg$_2$SiO$_4$-SiC-C 耐火材料试样。

表 3-3 MgO-Mg$_2$SiO$_4$-SiC-C 耐火材料试样的原料组成（质量分数） （%）

试样编号	电熔镁砂骨料 1~3 mm	电熔镁砂骨料 0~1 mm	MgO-Mg$_2$SiO$_4$ 骨料 1~3 mm	MgO-Mg$_2$SiO$_4$ 骨料 0~1 mm	电熔镁砂细粉	硅粉	石墨	液态酚醛树脂
M20	55	—	—	20	5	14	6	+5
M55	—	20	55	—	5	14	6	+5
M75	—	—	55	20	5	14	6	+5

本节通过 XRD 进行试样的物相分析，利用 Rietveld 方法进行半定量分析物相组成。通过 SEM 观察试样的微观结构，利用 EDS 进行元素组成分析。通过显气孔率和体积密度表征试样的结构性能。通过常温耐压强度、断裂韧性及弹性模量表征试样的力学性能。通过平均线膨胀系数和导热系数（1000 ℃）评价试样的热学性能。通过热震试验后的残余耐压强度、残余耐压强度比及 Hasselman 抗热震稳定因子 R'_{st} 评价试样的抗热震性。

3.2.1 耐火材料的物相组成和微观结构

通过 X 射线衍射分析 MgO-Mg$_2$SiO$_4$-SiC-C 耐火材料试样的物相组成，如图 3-14 所示。各组试样均含有方镁石、镁橄榄石、SiC 及石墨相，合成了目标产物。在各组试样中都观察不到 Si 的特征峰，表明原料中的单质硅粉已充分反应，原料中镁橄榄石和方镁石不参与反应，SiC 和石墨的峰强变化较小。随着 MgO-Mg$_2$SiO$_4$ 骨料的增加，方镁石的特征峰强度减弱。MgO-Mg$_2$SiO$_4$ 复合骨料增加了镁橄榄石的占比，使方镁石占比相对减少。电熔镁砂是经 2800 ℃ 以上的高温煅烧而成的，而 MgO-Mg$_2$SiO$_4$ 骨料经 1500 ℃ 煅烧制得，MgO-Mg$_2$SiO$_4$ 骨料中方镁石的结晶度没有电熔镁砂高，因此方镁石相峰强减弱，镁橄榄石相峰强增加。为分析试样的物相组成，使用 Rietveld 方法半定量计算各相含量，如图 3-14（b）所示。所有试样的石墨含量（质量分数）均小于 2.5%，较低的单质碳含量可以减少冶炼过程对钢水增碳，SiC 含量（质量分数）为 16.2%~17.5%，近似看作各试样中 SiC 含量相同。

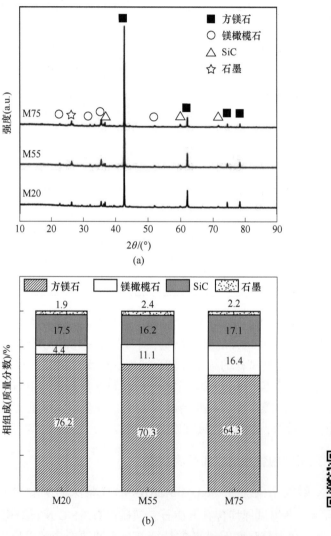

图 3-14 MgO-Mg₂SiO₄-SiC-C 耐火材料试样的相分析结果

（a）各试样的 XRD 图谱；（b）各试样的组成含量

对 MgO-Mg₂SiO₄-SiC-C 耐火材料试样 M20、M55 及 M75 经 1600 ℃埋碳烧结后进行微观结构分析，如图 3-15 所示。

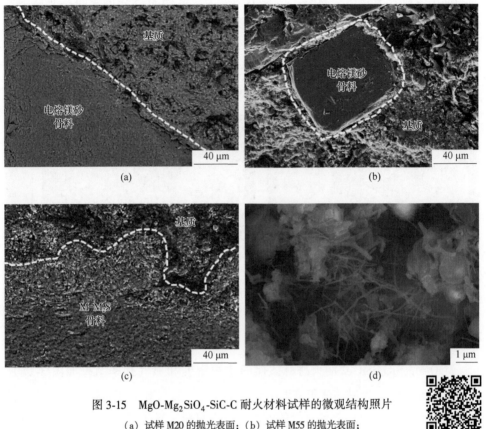

图 3-15 MgO-Mg$_2$SiO$_4$-SiC-C 耐火材料试样的微观结构照片

（a）试样 M20 的抛光表面；（b）试样 M55 的抛光表面；
（c）试样 M75 的抛光表面；（d）试样 M75 的断口表面

彩图

试样 M20 含有 1~3 mm 的电熔镁砂骨料，M55 含有 0~1 mm 的电熔镁砂骨料，在试样 M20 和 M55 的微观结构照片［见图 3-15（a）（b）］中均可见大块的电熔镁砂骨料边界平直，电熔镁砂骨料之间及电熔镁砂骨料和基质间均存在缝隙。而试样 M75 中骨料都为微纳米孔结构的 MgO-Mg$_2$SiO$_4$ 骨料，微观结构照片［见图 3-15（c）］中骨料与基质间界面曲折、呈锯齿状结合，相较于电熔镁砂骨料，具有微纳米孔结构的 MgO-Mg$_2$SiO$_4$ 骨料与基质的结合更为紧密。在放大 5000 倍下对试样 M75 的断口表面进行分析［见图 3-15（d）］，可以观察到 SiC 晶须结构。

耐火材料中骨料和基质的结合受物相组成和微观结构的影响。物相组成方面，MgO-Mg$_2$SiO$_4$ 骨料由主晶相方镁石和次晶相镁橄榄石组成，根据 MgO-Mg$_2$SiO$_4$ 骨料的热学性能分析，MgO-Mg$_2$SiO$_4$ 骨料中镁橄榄石的添加使其线膨胀率低于电熔镁砂骨料的方镁石纯相，且更接近基质组分（MgO、SiC 和石墨复相基质）的线膨胀率，线膨胀失配的减少使骨料和基质间的脱黏和裂纹较少，更好的界面结合有效增强耐火材料。微观结构方面，试样 M75 中的骨料具有微纳米孔结构，提高骨料边界的粗糙度，气孔形成的曲折外表面提高了骨料和基质之间的接触面积，在耐火材料的烧结过程中，多孔骨料表面的孔隙容易被基质填充，使骨料和基质之间形成锯齿状的互锁结构，图 3-16 为骨料与基质结合示意图［见图 3-16（b）中 M-M2S 为 MgO-Mg2SiO4］。

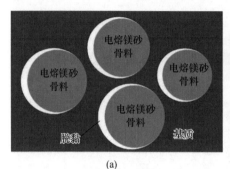 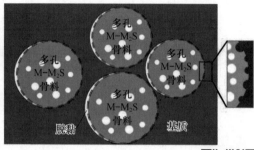

(a)   (b)

图 3-16　骨料与基质结合示意图

彩图

3.2.2　耐火材料的物理性能

MgO-Mg$_2$SiO$_4$-SiC-C 耐火材料试样的体积密度和显气孔率结果如图 3-17 所示。MgO-Mg$_2$SiO$_4$ 骨料的体积密度小于电熔镁砂，显气孔大于电熔镁砂，所以随着原料中 MgO-Mg$_2$SiO$_4$ 骨料含量的增加，耐火材料试样体积密度降低，显气孔率增加。体积密度最大的为试样 M20（2.88 g/cm^3），体积密度最小的为试样 M75（2.82 g/cm^3），显气孔率最小的为试样 M20（11.5%），显气孔率最大的为试样 M75（13.4%）。MgO-Mg$_2$SiO$_4$-SiC-C 耐火材料试样 M75 相比于只含电熔镁砂骨料的 MgO-SiC-C 耐火材料试样 MP5 体积密度降低了 3.1%，显气孔率增高 2.6%。MgO-Mg$_2$SiO$_4$ 骨料替代电熔镁砂骨料制备 MgO-Mg$_2$SiO$_4$-SiC-C 耐火材料可使钢包渣线用耐火材料轻量化，这对降低钢包吨钢耐火材料的消耗有重要意义。

通过常温耐压强度、弹性模量及断裂韧性评价 MgO-Mg$_2$SiO$_4$-SiC-C 耐火材料试样的力学性能，结果如图 3-18 所示。随着原料中 MgO-Mg$_2$SiO$_4$ 骨料含量的增加，试样的常温耐压强度逐步下降，最高值出现在试样 M20（53.3 MPa），最低值为试样 M75（51.8 MPa），降幅 2.8%，耐压强度的变化趋势与体积密度变化趋势一致。MgO-Mg$_2$SiO$_4$-SiC-C 耐火材料试样 M75 相比于 MgO-SiC-C 耐火材料试样 MP5 常温耐压强度下降 4.6%。MgO-Mg$_2$SiO$_4$-SiC-C 耐火材料试样的常温耐压

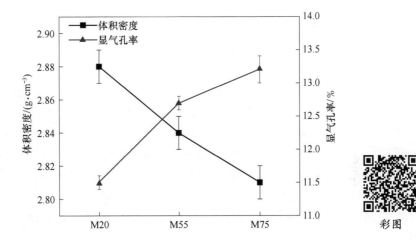

图 3-17 MgO-Mg$_2$SiO$_4$-SiC-C 耐火材料试样的体积密度和显气孔率

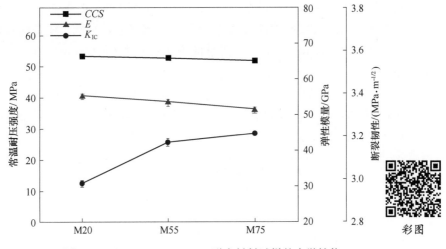

图 3-18 MgO-Mg$_2$SiO$_4$-SiC-C 耐火材料试样的力学性能

强度都在 50 MPa 以上，说明试样的整体力学性能较好，工业生产用镁碳耐火材料要求常温耐压强度大于 35 MPa，本节中制备的 MgO-Mg$_2$SiO$_4$-SiC-C 耐火材料试样均满足 LF 钢包渣线用耐火材料的力学性能要求。随着原料中 MgO-Mg$_2$SiO$_4$ 骨料含量的增加，试样的弹性模量减少，试样 M20 的弹性模量最大，为 55.3 GPa，试样 M75 的弹性模量最小，为 51.5 GPa，相比于试样 M20 降低 6.9%。由于镁橄榄石的弹性模量约为方镁石的 2/3，随着 MgO-Mg$_2$SiO$_4$ 骨料的增加使耐火材料试样弹性模量下降。弹性模量是衡量物体抵抗弹性变形能力大小的尺度，试样弹性模量降低说明试样在受到载荷应力或热应力更容易通过弹性形变的方式吸收应力。随着原料中 $MgO-Mg_2SiO_4$ 骨料含量的增加，试样的断裂韧性提高，最高值出现在试样 M75，为 3.21 $MPa \cdot m^{1/2}$，相比于试样 M20 提高了 7.7%。试样断裂韧性的变化趋势与耐压强度相反，尽管强度和韧性都属于材料的力学性能，但两者的某些性质是相互排斥的，强度是评价材料对应力的承受能力，韧性是评价材料对变形的承受能力。强度的试验研究主要是通过其应力状态来研究材料的受力状况以及预测破坏失效的条件和时机。韧性是指材料在塑性变形和断裂过程中吸收能量的能力，其定义为材料在破裂前所能吸收的能量与体积的比值。强度和韧性的平衡一直都是高性能材料所追求的，本试验中结构方面通过加强骨料和基质的结合，组成方面通过复相增韧技术，在满足使用强度要求下，提高了断裂韧性，因此 $MgO-Mg_2SiO_4-SiC-C$ 耐火材料试样 M75 具有较好的综合力学性能。

3.2.3 耐火材料的抗热震性

$MgO-Mg_2SiO_4-SiC-C$ 耐火材料试样的热学性能结果如图 3-19 所示，随着试样中 $MgO-Mg_2SiO_4$ 骨料含量的增加，试样的平均线膨胀系数降低，线膨胀系数最高的为试样 M20（$7.82×10^{-6}$ ℃$^{-1}$），最低的为试样 M75（$6.97×10^{-6}$ ℃$^{-1}$）。$MgO-Mg_2SiO_4$ 骨料替代电熔镁砂骨料相当于增加了体系的镁橄榄石相占比，镁橄榄石相较于方镁石具有更低的线膨胀系数，因此体系的线膨胀系数逐渐下降。随着试样中 $MgO-Mg_2SiO_4$ 骨料含量的增加，试样的导热系数降低，导热系数最高的为试样 M20 [5.84 $W/(m \cdot K)$]，导热系数最低的为试样 M75 [5.12 $W/(m \cdot K)$]。

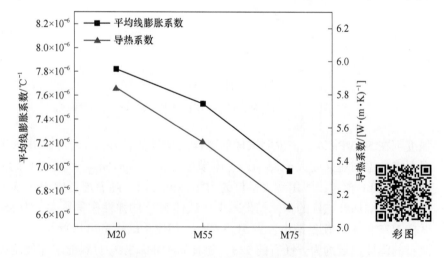

图 3-19　$MgO-Mg_2SiO_4-SiC-C$ 耐火材料试样的热学性能

经物相分析和气孔率分析，耐火材料中镁橄榄石含量和气孔率含量随着 MgO-Mg$_2$SiO$_4$ 骨料增加而增加，镁橄榄石的导热系数低于方镁石，气相的热传导率低于在固相的热传导率，因此导热系数随着 MgO-Mg$_2$SiO$_4$ 骨料增加而下降。MgO-Mg$_2$SiO$_4$-SiC-C 耐火材料试样 M75 相比于 MgO-SiC-C 耐火材料试样 MP5 线膨胀系数降低了 9.7%，导热系数降低 24.1%，导热系数的降低使耐火材料具有更好的保温隔热性能，可以减少服役过程中热量的散失。

对 MgO-Mg$_2$SiO$_4$-SiC-C 耐火材料试样进行 3 次热震试验后检验试样的残余耐压强度 CCS_{TS} 和残余强度比 δ，结果如图 3-20（a）所示。各试样的 CCS_{TS} 随着 MgO-Mg$_2$SiO$_4$ 骨料含量的增加而下降，试样 M75 的 CCS_{TS} 最低（46.0 MPa），比试样 M20 的 CCS_{TS} 值（46.9 MPa）低 1.9%，变化趋势和热震前的常温耐压强度一致，但降幅减少。MgO-Mg$_2$SiO$_4$-SiC-C 耐火材料试样 M75 的 CCS_{TS} 比前述 MgO-SiC-C 耐火材料的最优配方试样 MP5 仅低 0.6%。随着 MgO-Mg$_2$SiO$_4$ 骨料含量的增多，残余耐压强度比增加，试样 M75 的 δ 比试样 M20 高 0.8%，比 MgO-SiC-C 耐火材料试样 MP5 高 3.54%。对 MgO-Mg$_2$SiO$_4$-SiC-C 耐火材料试样的 Hasselman 抗热震稳定因子 R'_{st} 进行计算和分析，结果如图 3-20（b）所示。随着 MgO-Mg$_2$SiO$_4$ 骨料含量的增多，R'_{st} 增加，试样 M20 的 R'_{st} 值最小，为 40.24 W·m$^{-1/2}$，试样 M75 的 R'_{st} 值最大，为 45.79 W·m$^{-1/2}$，R'_{st} 的变化趋势与残余耐压强度比一致。MgO-Mg$_2$SiO$_4$-SiC-C 耐火材料试样 M75 的 R'_{st} 比 MgO-SiC-C 耐火材料试样 MP5 高 1.7%。根据力学性能和热学性能的相关分析，随着 MgO-Mg$_2$SiO$_4$ 骨料含量的增加，MgO-Mg$_2$SiO$_4$-SiC-C 耐火材料试样 R'_{st} 的提升是由于提高了抵抗裂纹扩展的能力、减少随温度变化过程中试样体积的膨胀和收缩、提高了弹性形变的能力。在材料力学性能均满足工作要求的条件下，试样 M75 热震后的残余强度比

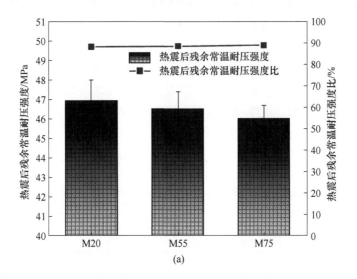

(a)

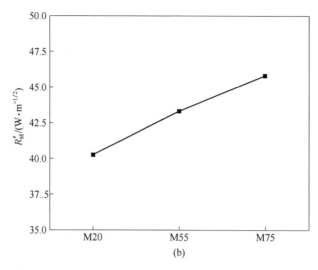

彩图

图 3-20 MgO-Mg$_2$SiO$_4$-SiC-C 耐火材料试样的抗热震性

（a）热震试验后的常温耐压强度和残余耐压强度比；（b）抗热震稳定性因子

更高，说明耐火材料可以经受更多次热震并保持较好的力学性能，服役期更长，可以减少补炉修炉的次数，利于提高工作效率，提高生产净值，因此试样 M75 的综合抗热震性最优。

3.3 MgO-Mg$_2$SiO$_4$-SiC-C 耐火材料的抗渣性研究

原料为电熔镁砂骨料、实验室制 MgO-Mg$_2$SiO$_4$ 骨料（MgO 76.1%、Mg$_2$SiO$_4$ 23.9%质量分数）、电熔镁砂细粉、硅粉、鳞片石墨及热固性酚醛树脂，耐火材料试样的配方见表 3-4。为简化标注，本节中 MgO-SiC-C 缩写为 MSC，MgO-Mg$_2$SiO$_4$-SiC-C 缩写为 MMSC。将骨料、酚醛树脂及粉末混匀后，压制成 φ36 mm × 20 mm 圆柱体，在 200 ℃下固化 24 h，在埋碳环境中加热至 1600 ℃，保持 3 h，并随炉冷却。镁碳耐火材料（MT14）和低碳镁碳耐火材料（MT6）在 200 ℃下固化 24 h 后，作为对比样备用。

表 3-4 耐火材料的配方（质量分数） （%）

试样编号	电熔镁砂骨料 1~3 mm	电熔镁砂骨料 0~1 mm	MgO-Mg$_2$SiO$_4$ 骨料 1~3 mm	MgO-Mg$_2$SiO$_4$ 骨料 0~1 mm	电熔镁砂细粉	硅粉	石墨	液态酚醛树脂
MSC	55	20	—	—	5	14	6	+5
MMSC	—	—	55	20	5	14	6	+5

试样编号	电熔镁砂骨料 1~3 mm	电熔镁砂骨料 0~1 mm	MgO-Mg$_2$SiO$_4$ 骨料 1~3 mm	MgO-Mg$_2$SiO$_4$ 骨料 0~1 mm	电熔镁砂细粉	硅粉	石墨	液态酚醛树脂
MT14	55	20	—	—	8	3	14	+5
MT6	55	20	—	—	16	3	6	+5

电熔镁砂骨料和 MgO-Mg$_2$SiO$_4$ 骨料的性质见表 3-5。电熔镁砂的体积密度高于 MgO-Mg$_2$SiO$_4$ 骨料，显气孔率和闭气孔率较低。从孔径分布图 3-21 可以看出，多孔骨料的孔径在约 3 μm 和 700 nm 处呈双峰分布，电熔镁砂的孔径分布较宽，主要为 1~10 μm。此外，多孔骨料的孔径中位值小于电熔镁砂。

表 3-5　骨料的物理性质

骨料	体积密度/(g·cm^{-3})	显气孔率/%	闭气孔率/%	D_{50}/μm
电熔镁砂	3.45	2.16	1.71	7.61
MgO-Mg$_2$SiO$_4$	3.13	7.74	3.54	2.75

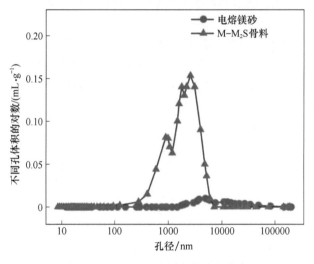

图 3-21　通过压汞法测定的孔径分布

3.3.1　耐火材料渣侵前的性能和微观结构

试样 MSC 和 MMSC 侵蚀前的性能见表 3-6，试样 MMSC 与试样 MSC 相比体积密度降低 3.1%，显气孔率增加 2.6%。尽管试样 MMSC 的常温耐压强度（51.8 MPa）比试样 MSC（54.3 MPa）低 4.6%，但仍高于 50 MPa，可以满足

LF 钢包渣线用耐火材料的力学性能要求。气孔率和相组成影响试样的热学性能，试样 MSC 在 1000 ℃ 时的热导率比试样 MMSC 高 24.1%，线膨胀系数比试样 MMSC 高 9.7%，MgO-Mg$_2$SiO$_4$ 骨料中的镁橄榄石和孔隙降低平均线膨胀系数，从而减少骨料和基质之间的热失配，提升耐火材料的抗热震性，试样 MSC 的残余耐压强度比试样 MMSC 低 3.5%。

表 3-6   试样的性能

试样	体积密度 /(g·cm^{-3})	显气孔率/%	常温耐压强度/MPa	热震后残余耐压强度比/%	导热系数 /[W·(m·K)$^{-1}$]	线膨胀系数 /℃$^{-1}$
MSC	2.91	10.8	54.3	85.27	6.75	7.72×10^{-6}
MMSC	2.82	13.4	51.8	88.80	5.12	6.97×10^{-6}

试样 MSC 和 MMSC 的物相分析如图 3-22 所示，两个试样都含有方镁石、SiC 及石墨相，其中方镁石是主晶相。此外，试样 MMSC 的 XRD 图谱还含有镁橄榄石相。MSC 的方镁石相峰更尖锐，面积大于试样 MMSC，说明 MSC 中方镁石结晶度更高、含量更多。SiC 由硅和石墨原位合成的，两个试样中 SiC 和石墨的含量接近。

试样 MSC 和 MMSC 的基质组成相同，均为电熔镁砂细粉、SiC 及石墨，其中 SiC 含量最多，骨料的组成和结构不同，试样 MSC 的骨料为致密电熔镁砂，试样 MMSC 的骨料为微纳米孔 MgO-Mg$_2$SiO$_4$ 复相骨料。试样 MSC 和 MMSC 渣侵前的微观结构，如图 3-23 所示。

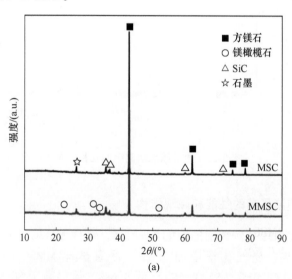

(a)

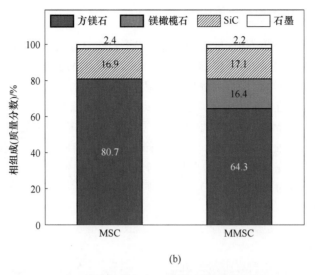

彩图

图 3-22　MSC 和 MMSC 耐火材料试样的物相分析

（a）试样的 XRD 图谱；（b）不同相的相含量

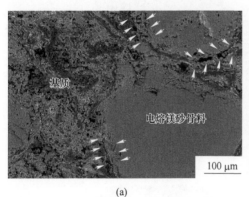

图 3-23　渣侵前耐火材料的微观结构照片

（a）试样 MSC；（b）试样 MMSC

彩图

在两个试样中，骨料和基质之间的界面结合是不同的。在试样 MSC 中，致密的电熔镁砂骨料与基质之间的界面处存在明显裂纹。试样 MMSC 中多孔骨料与基质之间的界面结合良好，这是因为 MgO-Mg$_2$SiO$_4$ 骨料的线膨胀系数低于电熔镁砂骨料，更接近基质（电熔镁砂细粉、SiC 及石墨），试样 MMSC 中的脱黏和裂纹较少。试样 MMSC 的微纳米孔结构使其表面具有粗糙度，热处理过程中，基质填充骨料表面的孔隙，孔隙增加基质和骨料之间的接触面积，形成互锁结构，当耐火材料受到机械应力或热应力时，更好的界面结合有效增强耐火材料。

3.3.2 耐火材料渣侵后的宏观结构

图 3-24 为试样 MSC 和 MMSC 在 1600 ℃下侵蚀 3 h 的宏观照片，两个试样都存在侵蚀损失和渗透痕迹。熔渣与试样 MSC 的接触角为 39.8°，熔渣与试样 MMSC 的接触角为 70.3°。低接触角表示熔渣在耐火材料上具有高扩散性，从而影响耐火材料的抗渣性。为分析熔渣对耐火材料的侵蚀和渗透，沿轴线切割侵蚀试样，在切割试样 MSC 后部分耐火材料及与耐火材料相接的熔渣剥落，说明 MSC 耐火材料在侵蚀后力学性能下降，而试样 MMSC 在切割后仍保持相对完整。通过渣侵后试样的完整程度和耐火材料与熔渣间的接触角分析，具有微纳米孔 MgO-Mg$_2$SiO$_4$ 骨料的 MgO-Mg$_2$SiO$_4$-SiC-C 耐火材料相比于 MgO-SiC-C 耐火材料具有更好的抗渣性。

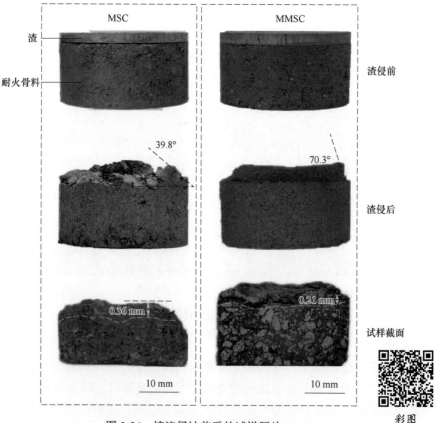

图 3-24   熔渣侵蚀前后的试样照片

3.3.3 耐火材料渣侵后的微观结构

试样 MSC 受到熔渣侵蚀后的微观结构照片和元素分布如图 3-25 所示。

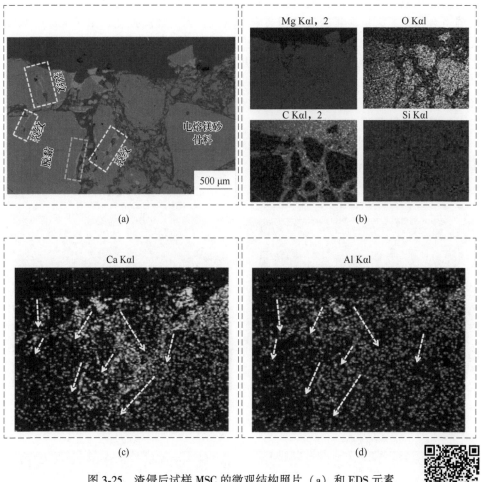

图 3-25 渣侵后试样 MSC 的微观结构照片 (a) 和 EDS 元素
分布图 (b)~(d)

彩图

从微观结构照片中可以看出,熔渣主要在相对疏松的基质部分发生渗透,由于电熔镁砂的线膨胀系数高,在热处理过程中骨料内形成裂缝、骨料与基质之间形成脱黏,熔渣也通过上述缺陷向耐火材料渗透。由于基质在耐火材料中呈网状结构,熔渣在基质中的渗透相当于增加耐火材料与熔渣之间的接触表面数量,这不利于耐火材料的抗渣性。在耐火材料被熔渣侵蚀后的微观结构照片中玻璃相呈灰白色,耐火材料和熔渣之间的初始接触表面玻璃相含量最多。随着熔渣向下渗透,玻璃相含量略有下降,主要在基质中。在骨料内部和边缘的缺陷处也存在一些玻璃相,除上述缺陷外,骨料内不含玻璃相。玻璃相是指耐火材料高温烧结时各组成物质和杂质产生一系列物理化学反应后形成的一种非晶态物质。一方面,少量的玻璃相可以将分散的结晶相黏合在一起,抑制晶粒的异常生长并填充耐火材料中的孔隙。另一方面，玻璃相是一种强度低、热震稳定性差的非晶材料，在高温下会软化，大量聚集的玻璃相会降低耐火材料的高温强度。由于 Mg/O/C/Si 元素是试样 MSC 中固有的元素，难以通过上述元素分析熔渣对耐火材料的侵蚀和渗透情况。Ca 和 Al 元素是熔渣向耐火材料新添加的元素，通过 Ca 和 Al 元素的变化路径分析熔渣的侵入更为直观。熔渣与耐火材料的初始接触表面中的 Ca 和 Al 元素含量最高，然后，大部分 Ca 和 Al 元素通过基质渗入耐火材料，其余的通过骨料的缺陷渗入耐火材料。

试样 MMSC 受到熔渣侵蚀后的微观结构照片和元素分布如图 3-26 所示（图中 M-M$_2$S 为 MgO-Mg$_2$SiO$_4$）。

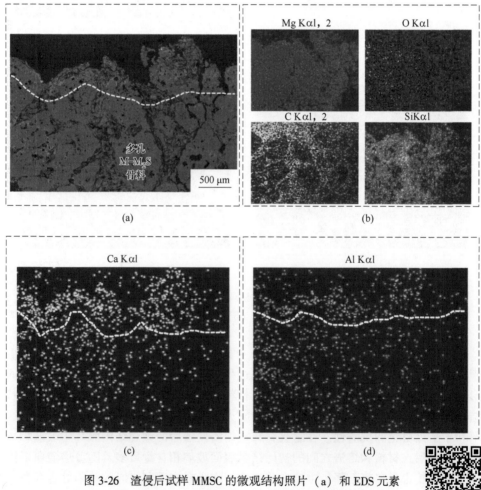

图 3-26 渣侵后试样 MMSC 的微观结构照片（a）和 EDS 元素
分布图（b）~（d）

彩图

从微观结构照片可以看出，耐火材料和熔渣之间的初始接触表面侵蚀最多，骨料和基质都受到侵蚀。骨料中的一些孔隙被熔渣侵入，形成新相，导致体积膨胀和孔隙填充。由于试样 MMSC 中骨料与基质之间的线膨胀系数失配小于试样 MSC，并且 MgO-Mg$_2$SiO$_4$ 骨料的微纳米孔结构与基质结合紧密，骨料与基质之间的缝隙较窄，熔渣沿骨料与基质之间的缝隙渗透的情况较少。熔渣在试样 MMSC 中没有形成网状结构，说明熔渣与耐火材料中没有形成多个接触表面。玻璃相主要存在于熔渣与试样 MMSC 的初始接触面，它们分布在骨料和基质中。骨料中的玻璃相主要位于骨料晶界的三角形区内，使骨料的整体性能得以保持。由于 Mg/O/C/Si 元素是试样 MMSC 中固有的元素，因此通过 Ca 和 Al 元素的变化路径来分析熔渣渗透更为直观，在图 3-26 中分界线下耐火材料受到的侵蚀和渗透较少，Ca 和 Al 元素主要存在于熔渣和耐火材料的初始接触表面。

　　试样 MSC 和 MMSC 的侵蚀指数和渗透指数结果如图 3-27 所示。试样 MSC 的侵蚀指数为 0.011，略低于试样 MMSC。试样 MSC 的渗透指数为 0.069，约为试样 MMSC 的两倍。试样 MMSC 渗透指数比高石墨含量的传统镁碳耐火材料试样 MT14 还低 37.1%。

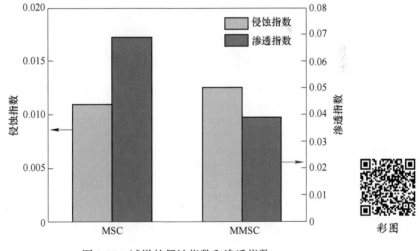

图 3-27　试样的侵蚀指数和渗透指数

　　综上所述，试样 MMSC 具有良好的抗渣渗透性能，可以减少渣对耐火材料的进一步侵蚀。

　　由于两种耐火材料的区别在于骨料，因此进一步分析侵蚀后骨料的微观结构和相演变。试样放大 100 倍的侵蚀区微观结构照片如图 3-28 所示，EDS 分析结果见表 3-7。试样 MSC 中大块的电熔镁砂骨料内部并没有被侵蚀，仍为方镁石（点 1），电熔镁砂骨料边缘（点 2）的相为镁橄榄石（M$_2$S，熔点 1890 ℃），点 3 包含硅酸二钙（C$_2$S，熔点 2130 ℃）、镁铝尖晶石（MA，熔点 2135 ℃）及一些玻璃相。试样 MMSC 骨料内部（点 4）的相主要为方镁石和少量镁橄榄石，根据点 5 和点 6 的 EDS 分析，形成的新相为 C_2S、MA、钙铝黄长石（C_2AS，熔点 1590 ℃）及一些玻璃相。耐火材料中硅酸盐相与熔渣作用后可以增加熔渣黏度，降低熔渣对耐火材料的渗透速率和渗透深度。点 5 和点 6 处的 Ca 含量高于点 2 和点 3 处，说明产生更多的 C_2S 和 C_2AS，试样 MMSC 吸收并消耗熔渣中更多的特有元素（如 Ca 和 Al），相对降低了熔渣的浓度，减少熔渣对耐火材料的侵蚀和渗透。

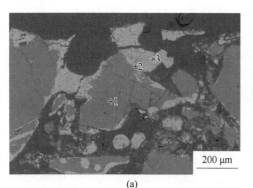
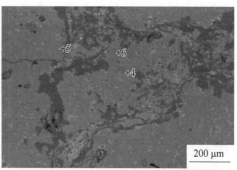

(a)　　　　　　　　　　　　　　　　(b)

图 3-28　试样的微观结构照片

（a）试样 MSC；（b）试样 MMSC

彩图

表 3-7　图 3-28 中试样的 EDS 分析（原子数分数）　（%）

点	C	O	Mg	Si	Al	Ca	物　相
1	—	44.96	55.04	—	—	—	方镁石
2	—	54.57	29.53	15.64	0.26	—	镁橄榄石
3	20.04	47.39	4.1	6.24	10.29	11.94	硅酸二钙、尖晶石、玻璃相
4	—	45.29	51.26	3.45	—	—	方镁石、镁橄榄石
5	7.37	40.15	1.05	10.85	18.31	22.27	硅酸二钙、钙铝黄长石、尖晶石、玻璃相
6	10.99	39.56	1.77	7.32	13.24	27.12	硅酸二钙、钙铝黄长石、尖晶石、玻璃相

3.3.4　熔渣对耐火材料的渗透机制

基于流体力学理论，熔渣在耐火材料中的渗透受毛细孔力的作用。Washburn 方程是液体芯吸的动力学描述，根据 Washburn 方程的推导式（3-12）和式（3-13），熔渣黏度、耐火材料孔径、熔渣表面张力及熔渣与耐火材料之间的接触角影响熔渣对耐火材料的渗透。根据耐火材料被熔渣侵蚀后的宏观照片，熔渣与试样 MSC 之间的接触角小于试样 MMSC。基于材料润湿理论，熔渣与耐火材料的接触角越小，熔渣对耐火材料的润湿性越好，较大接触角可以降低熔渣对耐火材料的渗透深度和渗透速度。试样 MSC 和 MMSC 的基质相同，电熔镁砂骨料的平均孔径约为 MgO-Mg$_2$SiO$_4$ 骨料的 3 倍，在相同条件下，较大的孔径会增加熔渣对耐火材料的渗透。为进一步分析耐火材料的渗透深度和渗透速度，计算熔渣的黏度和表面张力。

$$L_\mathrm{W} = \sqrt{\frac{rt\sigma\cos\theta}{2\eta}} \tag{3-12}$$

$$v_\mathrm{W} = \frac{r\sigma\cos\theta}{4\eta L} \tag{3-13}$$

式中　L_W——渗透深度；

　　　t——侵蚀时间；

　　　r——耐火材料的平均孔径；

　　　σ——熔渣的表面张力；

　　　θ——熔渣与耐火材料之间的接触角；

　　　v_W——渗透速度。

黏度是液体中的分子在相互通过时摩擦力的量度，是影响熔渣对耐火材料渗透的重要因素。耐火材料在熔渣中的溶解会改变渗透到耐火材料中熔渣的组成，因此距离熔渣/耐火材料初始界面不同深度处熔渣的成分和黏度不同。骨料被熔渣侵蚀后，电熔镁砂骨料向熔渣中添加 MgO，而 MgO-Mg$_2$SiO$_4$ 骨料向熔渣添加 MgO 和 Mg$_2$SiO$_4$。由于熔渣熔点高，成分复杂多变，难以通过试验方法测得高温条件下在耐火材料中不同深度的熔渣黏度，本节使用 Riboud 模型根据熔渣的组成计算熔渣黏度。Riboud 模型是基于 Weymann Frenkel 方程流体动力学理论开发的一种经验模型 [式 (3-14)]，通过拟合大量试验数据获得，具有较好的预报效果和广泛的应用范围。

$$\eta = A_R T \exp(B_R/T)/10 \tag{3-14}$$

式中　η——熔体的黏度；

　　　T——绝对温度；

　　　A_R——指前因子；

　　　B_R——黏性流动活化能。

Riboud 模型将熔体中的氧化物分为五类 [式 (3-15)~式 (3-19)]，在本试验中，熔渣只有前三类 [式 (3-15)~式 (3-17)]。根据摩尔分数计算 A_R 和 B_R [式 (3-20) 和式 (3-21)]。

$$X_{\mathrm{SiO}_2} = X_{\mathrm{SiO}_2} + X_{\mathrm{PO}_{2.5}} + X_{\mathrm{TiO}_2} + X_{\mathrm{ZrO}_2} \tag{3-15}$$

$$X_{\mathrm{CaO}} = X_{\mathrm{CaO}} + X_{\mathrm{MgO}} + X_{\mathrm{FeO}} + X_{\mathrm{FeO}_{1.5}} + X_{\mathrm{MnO}} + X_{\mathrm{BO}_{1.5}} \tag{3-16}$$

$$X_{\mathrm{Al}_2\mathrm{O}_3} = X_{\mathrm{Al}_2\mathrm{O}_3} \tag{3-17}$$

$$X_{\mathrm{CaF}_2} = X_{\mathrm{CaF}_2} \tag{3-18}$$

$$X_{\mathrm{Na}_2\mathrm{O}} = X_{\mathrm{Na}_2\mathrm{O}} + X_{\mathrm{K}_2\mathrm{O}} \tag{3-19}$$

$$A_R = \exp(-17.51 + 1.73X_{CaO} + 5.82X_{CaF_2} + 7.02X_{Na_2O} - 33.76X_{Al_2O_3})$$

$$(3-20)$$

$$B_R = 31140 - 23896X_{CaO} - 46356X_{CaF_2} - 39159X_{Na_2O} + 68833X_{Al_2O_3} \quad (3-21)$$

使用软件 Image J 提取图 3-25 和图 3-26 中的像素点，计算骨料与熔渣的反应量。Riboud 模型中距离熔渣/耐火材料界面不同深度的熔渣成分见表 3-8。试样 MMSC 的总侵蚀和渗透深度为 1.03 mm，而试样 MSC 为 1.59 mm。假设 1~2 mm 的试样 MMSC 中的渣组成与 0.5~1 mm 相同。为简化描述，与电熔镁砂骨料接触的熔渣记为 $Slag_{FM}$，与 $MgO\text{-}Mg_2SiO_4$ 骨料接触的熔渣记为 $Slag_{M\text{-}M_2S}$。

表 3-8　熔渣与骨料接触后 Ribond 模型中的熔渣成分（摩尔分数）　（%）

渣	距离初始渣/耐火材料界面的深度/mm	X_{SiO_2}	X_{CaO}	$X_{Al_2O_3}$
$Slag_{FM}$	0~0.5	0.121	0.700	0.179
	0.5~1	0.119	0.706	0.175
	1~1.5	0.117	0.711	0.172
	1.5~2	0.117	0.712	0.171
$Slag_{M\text{-}M_2S}$	0~0.5	0.141	0.684	0.176
	0.5~1	0.146	0.682	0.172
	1~1.5	0.146	0.682	0.172
	1.5~2	0.146	0.682	0.172

熔渣黏度与距熔渣/耐火材料界面深度之间的关系如图 3-29 所示。在图中各深度范围，$Slag_{M\text{-}M_2S}$ 的黏度都高于 $Slag_{FM}$。随着距熔渣/耐火材料界面深度的增加，$Slag_{FM}$ 黏度降低，$Slag_{M\text{-}M_2S}$ 黏度增加。最终 $Slag_{FM}$ 黏度为 0.0502 Pa · s。$Slag_{M\text{-}M_2S}$ 黏度为 0.0700 Pa · s，比 $Slag_{FM}$ 黏度高 39.4%，说明 $MgO\text{-}Mg_2SiO_4$ 骨料可以减缓熔渣黏度的降低。$Slag_{FM}$ 的黏度较低是由于熔渣中 MgO 的含量较高，MgO 是一种碱性氧化物，其分解增加熔渣中的自由氧离子（O^{2-}），O^{2-} 与桥氧（O^0）相互作用，随着 O^{2-} 的增加，$Si_xO_y^{z-}$ 的网状或链状结构被破坏，导致岛状结构的形成，如图 3-30 所示。硅氧络阴离子（$Si_xO_y^{z-}$）的尺寸大于其他离子，$Si_xO_y^{z-}$ 结构的破坏降低熔渣的聚合度，导致熔渣黏度降低。$MgO\text{-}Mg_2SiO_4$ 骨料中 MgO 占比少于电熔镁砂骨料，因此 $Slag_{M\text{-}M_2S}$ 黏度较高，可减少熔渣对耐火材料的渗透。

根据 Arrhenius 方程 [（式 3-22）]，熔渣黏度与温度呈负相关，温度的降低使熔渣黏度增加。一方面温度的降低使熔渣内各离子的热振动减弱，离子间距离的减少使得离子间作用力增加，离子迁移的黏滞阻力增加，使黏度增加。另一方面 MgO 等网络修饰子在温度降低后出现聚合（Mg^{2+} 和 O^{2-} 结合以 MgO 形式存在），减少了 O^{2-} 离子对熔渣网络结构的分解作用，使熔渣聚合度提高。在实际

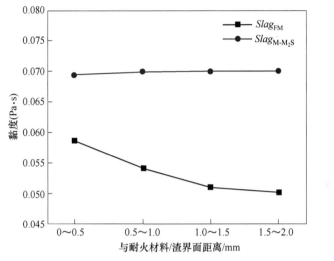

彩图

图 3-29 黏度与距离初始熔渣/耐火材料界面深度之间的关系

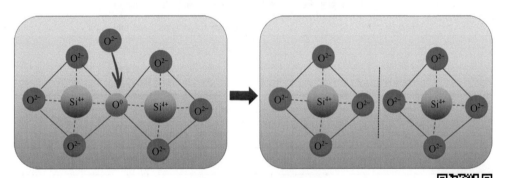

图 3-30 Si$_x$O$_y^{z-}$ 分解示意图

生产中，熔渣在钢包内部，渣侧的耐火材料温度最高，远离渣侧温度
降低。与试样 MSC 相比，试样 MMSC 的热导率较低，这会增加耐火
材料的温度梯度，在距熔渣/耐火材料界面相同深度处，试样 MMSC 的温度低于
试样 MSC，其渣黏度也高于试样 MSC。

$$\eta = A\exp[E_\eta/(RT)] \tag{3-22}$$

式中　η——熔渣的黏度；

　　　A——指前因子；

　　　E_η——熔渣的黏流活化能；

　　　R——摩尔气体常数；

　　　T——温度。

表面张力是液体表面层由于分子引力不均衡而产生的沿表面作用于任一界线

上的张力，是影响熔渣对耐火材料渗透的重要因素。表面张力的微观来源是分子间的相互作用及热效应，宏观上可以理解为沿界面作用的力。由于熔渣熔点高，成分复杂多变，通过试验方法较难测得耐火材料内部熔渣的表面张力，在本节中，使用 Mill 模型的熔体表面张力式（3-23）来计算液态熔渣的表面张力。熔渣摩尔分数的测定与黏度分析一致，纯组分表面张力的模型参数源自 NIST 数据库，见表 3-9。经计算，熔渣渗入试样 MSC 的最终表面张力为 586.5 mN/m，试样 MMSC 的最终表面张力为 578.4 mN/m。根据式（3-12）和式（3-13），熔渣对耐火材料的渗透速度和深度随着表面张力的增加而增加，这表明在相同条件下，熔渣在试样 MSC 中渗透更多。

$$\sigma = \sum_{i=1}^{n} x_i \sigma_i \tag{3-23}$$

式中　σ——熔渣的表面张力；

　　　x_i——纯组分的摩尔分数；

　　　σ_i——纯组分的表面张力。

表 3-9　模型参数（纯氧化物表面张力和温度的关系）

氧化物	表面张力和温度的关系/$(mN \cdot m^{-1})$
CaO	$791-0.0935T$
SiO_2	$243.2+0.031T$
Al_2O_3	$1024-0.177T$
MgO	$1770-0.636T$
FeO	$504+0.0984T$

　　熔渣对两种耐火材料的渗透深度和渗透速度由 Washburn 的计算结果见表 3-10。试样 MMSC 的渗透深度比试样 MSC 低 66.6%，渗透速度比试样 MSC 低 80.4%。试验测得的渗透深度和渗透速度见表 3-11，其中渗透速度根据渗透深度与热处理保持时间的比值计算得到。由于两个试样的热处理保持时间和耐火材料的原始高度相同，渗透深度和渗透速度的变化趋势一致，试样 MMSC 的渗透深度和渗透速度均比试样 MSC 低 43.2%。

表 3-10　Washburn 方程得出的渗透深度和渗透速度

试　样	L_W/mm	R_{L_W}/%	v_W/$(mm \cdot h^{-1})$	R_{v_W}/%
MSC	10.14	637.64	12.51	2630.47
MMSC	3.39	333.88	2.46	842.78

表 3-11 试验得到的渗透深度和渗透速度

试 样	渗透深度/mm	渗透速度/(mm·h⁻¹)
MSC	1.38	0.46
MMSC	0.78	0.26

将 Washburn 方程的计算结果与试验结果进行比较，Washburn 方程的渗透深度和渗透速度计算结果高于试验结果，在表 3-10 中，R_{L_W} 和 R_{v_W} 表示 Washburn 方程计算结果和试验结果之间的误差，Washburn 的计算结果与实际试验结果误差较大。然而对于比较两种耐火材料的渗透深度和渗透速度，Washburn 方程计算结果与试验结果接近。因此，Washburn 方程可以用于定性比较和分析熔渣渗透情况，但具体渗透深度和渗透速度的计算结果与实际差距较大。通过计算和分析，对本试验的 CaO-SiO₂-Al₂O₃-MgO-FeO 渣系和镁质含碳耐火材料的 Washburn 方程进行修正 [式（3-24）和式（3-25）]，L_M 的修正因子 $A(r, t, \sigma, \theta, \eta)$ 约为 1/6，v_M 的修正因子 $B(r, \sigma, \theta, \eta, L)$ 约为 1/19，修正因子受试验过程、熔渣组成、耐火材料组成等因素的影响。见表 3-12，由修正公式计算得到的渗透深度和渗透速度更接近试验结果，误差分别小于 30% 和 50%。修正后的 Washburn 方程可以更好地评估熔渣的渗透。

$$L_M = A(r, t, \sigma, \theta, \eta) \sqrt{\frac{rt\sigma\cos\theta}{2\eta}} \tag{3-24}$$

$$v_M = B(r, \sigma, \theta, \eta, L) \frac{r\sigma\cos\theta}{4\eta L} \tag{3-25}$$

式中　　　　　L_M——渗透深度；
　$A(r, t, \sigma, \theta, \eta)$——$L_M$ 的修正因子；
　　　　　　　v_M——渗透速度；
　$B(r, \sigma, \theta, \eta, L)$——$v_M$ 的修正因子。

表 3-12 根据修正 Washburn 方程得出的渗透深度和渗透速度

试 样	L_M/mm	R_{L_M}/%	v_M/(mm·h⁻¹)	R_{v_M}/%
MSC	1.69	22.94	0.63	45.24
MMSC	0.56	-27.69	0.12	-49.85

为进一步研究含微纳米孔 MgO-Mg₂SiO₄ 骨料的 MMSC 耐火材料的抗渣机理，分析了熔渣对耐火材料的侵蚀和渗透过程，图 3-31 为熔渣在 MSC 耐火材料和 MMSC 耐火材料中的侵蚀和渗透过程示意图。耐火材料与熔渣的初始接触面侵蚀最为严重，与侵蚀前耐火材料相比，侵蚀后骨料分布相对疏松，熔渣可以渗入的通道最宽。尽管 MgO-Mg₂SiO₄ 骨料的平均孔径低于电熔镁砂，但 MgO-Mg₂SiO₄

骨料中的气孔数量高于电熔镁砂，这是试样 MMSC 的侵蚀层相比于试样 MSC 略厚的原因。耐火材料与熔渣作用过程形成新相产生体积膨胀，使熔渣能够渗入的通道宽度减小。试样 MSC 受到脱黏和裂纹的影响，熔渣可渗入的通道比试样 MMSC 更宽。因为微纳米孔 $MgO\text{-}Mg_2SiO_4$ 骨料的反应活性高于电熔镁砂，与熔渣反应形成的高黏度相含量更多，提高了熔渣的黏度，试样 MMSC 的渗透层深度低于试样 MSC，从而提高试样 MMSC 的抗渣性。可以预测，在工业生产中，微纳米孔结构的 $MgO\text{-}Mg_2SiO_4$ 骨料和熔渣的初始接触表面将快速反应形成新相，这将提高熔渣黏度并形成保护层。然而，传统的电熔镁砂骨料较少与熔渣发生反应，由于基质的损坏，电熔镁砂骨料受钢水和熔渣的机械作用发生剥落。因此，试样 MMSC 的初始抗渣侵蚀性略差于试样 MSC，但由于其抗渣渗透能力较强，长期使用效益更好。

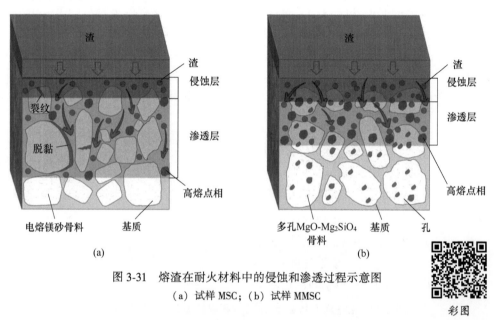

图 3-31　熔渣在耐火材料中的侵蚀和渗透过程示意图
(a) 试样 MSC；(b) 试样 MMSC

彩图

4　镁碳砖回收料对镁质含碳耐火材料的性能研究

　　随着我国第二产业的迅猛发展，耐火材料也广泛应用于冶金、玻璃、水泥、石油化工、环保等各个行业，国家统计局的统计数据显示，我国年均消耗的耐火材料达到 900 万吨，而使用过后产生的废料也称用后耐火材料达到了 400 万吨，这是一个很可观的数字，在当今提倡循环经济的时代，如何利用这样一大笔被废弃的财富十分值得认真讨论和研究的。目前用后耐火材料在我国并没有得到充分重视，其中大约 20% 进入了再生产流程，其余的就作为工业垃圾处理了，这样做不但浪费了大量的资源而且还污染了环境。用后耐火材料对于环境的破坏主要表现在以下方面：一方面，用后耐火材料中产生的结晶二氧化硅是矽肺病的主要致病源，而耐火纤维和石棉以及 Cr^{6+} 具有致癌性，这些严重损害了工人和附近居民的健康；另一方面，氧化锆原料的放射性也会对环境造成不可逆的破坏。

　　就每年产生的用后耐火材料如果能利用新技术对其进行二次利用，则会为社会带来年均 60 亿元的经济效益，而由于改善环境所带来的社会效益不可估量。因此，对于用后耐火材料的回收利用的研究有着重要的现实意义。用后耐火材料若经过拣选、分类和特殊的工艺处理，不但可以生产优质的不定形耐火材料，而且还能再生出优质的定形产品以及其他材料。这些二次锻造的耐火材料能很大程度上降低生产成本，提高企业的社会和经济效益。

　　经过对前人研究的总结，用后耐火材料二次利用的原则和方法归纳如下：

　　(1) 就近原则。此原则的主要目的是尽可能地减少由于运输和装卸所带来的成本费用。

　　(2) 简单加工原则。即只是通过破碎和重组等简单工序流程，使得用后耐火材料得以重新运用于生产生活中。

　　(3) 深度加工原则。经过精细加工如微粉生产和合成新材料等方式，使得用后耐火材料成为高附加值高经济效益的新产品。通过这些途径或方法，国外有些钢厂用后耐火材料的再生利用已经达到了 80%，欧洲也已经达到了近 60%。就各发达国家的经验看来，用后耐火材料再生利用后的主要流向是炉渣改质剂（造渣剂）、溅渣护炉添加剂、水泥的原料、耐火混凝土骨料、铺路料、陶瓷原料、玻璃工业原料、屋顶建筑用粒状材料、磨料、土壤改质剂、再生原来的耐火产品等。

　　就理论而言，用后耐火材料的回收利用原理并不复杂，但在实际生产操作的过程中却由于诸多原因使得此项工作开展起来困难重重。比如，在耐火材料的长期使用中，有许多粉尘和侵蚀介质渗入耐火材料中，使其性质发生变化，这也给再次的分级和利用带来了阻碍。又如，在拆卸由耐火材料搭建的高温窑炉时，不同等级的耐火材料相互掺杂，使得分类回收工作难以开展。基于以上种种原因，用后耐火材料的回收利用在现实生产中难以得到突破。

　　本章试验采用的用后镁质含碳耐火材料为国内某钢厂的用后镁碳砖作为原料，主要材料为 3~5 mm、1~3 mm、0.074~1 mm、<0.074 mm 的废弃钢包镁碳砖颗粒、新镁砂料、石墨、添加剂金属 Al 粉。结合剂采用热固性酚醛树脂。主要化学成分见表 4-1。

表 4-1　原料化学组成（质量分数）　　　　　　　　　　　（%）

原料	C	MgO	Al_2O_3	SiO_2	CaO	Fe_2O_3
用后镁碳砖	10.78	79.67	1.35	1.23	2.15	1.64

　　含碳废砖包括转炉镁碳废砖、钢包镁碳废砖和钢包铝镁碳废砖，在生产再生料时必须分类处理。由于钢包中使用的耐火材料比较复杂，所以对废弃物进行拣选分类，将用后镁碳砖进行除铁除渣、去除变质层，采用颚式破碎机将废料破碎成 15~50 mm 的粒度，再用对粗破的废料进行颗粒与细粉的分离，碾压后物料经筛分机筛分至 >5 mm、3~5 mm、1~3 mm、0.074~1 mm、<0.074 mm 粒度级别，并分别对各级别物料进行产出量分析和假性颗粒分析，分析发现 1~3 mm 物料假性颗粒较多，因此采用二次碾压的方式进行去除假性颗粒，处理后真颗粒率达到 90.6%，其中 0.074~1 mm、<0.074 mm 物料假性颗粒分析过程复杂，建议降级使用。对各粒度级别的物料进行烧失量分析，分别对其含碳量进行统计。对各粒度级别物料 X 射线分析，研究讨论哪种粒度级别物料中含有碳化铝这种有害的杂质，结果发现碳化铝杂质主要出现在 0.074~1 mm、<0.074 mm 物料中，分析认为防氧化剂金属铝粉在还原气氛下与碳反应

形成碳化铝，金属铝以细粉形式加入镁碳砖中，因此形成的碳化铝主要集中在 <1 mm 的物料中。碳化铝遇水容易发生水化反应，不计生成气体的体积，仅此反应生成的固体体积就增大了 1.65 倍。这么大的体积增加，导致镁碳砖的粉化和开裂，因此不采用 0~1 mm 的物料。将 0~1 mm 物料采用球磨方式磨成粒度为 <0.074 mm 的物料，对其进行水化处理，处理加水量应不小于物料量的 8%。各项检测结果见表 4-2 和图 4-1。再生镁质含碳耐火材料工艺过程如图 4-2 所示。

表 4-2　各粒度级别物料性能分析

粒度/mm	>5	3~5	1~3	0.074~1	<0.074
产出量/%	9.2	15.1	22.2	35.6	12.4
烧失量/%	2.3	3.7	10.2	13.9	28.9
真颗粒量/%	100.0	95.0	90.6	—	—

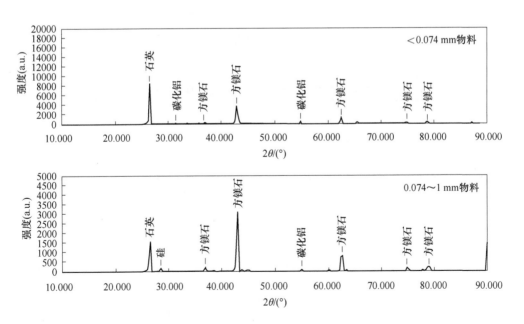

图 4-1　用后镁质含碳耐火材料 XRD 图谱

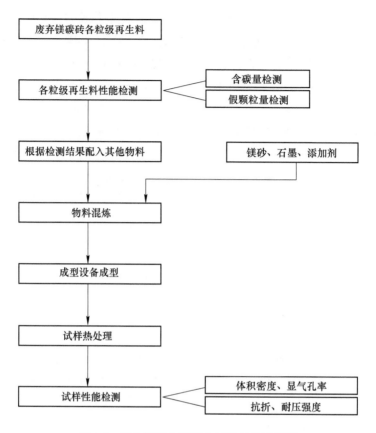

图 4-2　再生镁质含碳耐火材料工艺流程图

4.1　引入形式对镁质含碳耐火材料的影响

本节实验试样原料配比见表 4-3。

表 4-3　试验配方设计　　　　　　　　　　　　　　（%）

试样编号		0 号	1 号	2 号	3 号	4 号	5 号	6 号	7 号	8 号	9 号
回收料	3~5 mm	—	7	15	23	—	—	—	—	—	—
	1~3 mm	—	—	—	—	10	21	32	—	—	—
	<0.074 mm	—	—	—	—	—	—	—	8	16	24
树脂 5320		+3.5	+3.5	+3.5	+3.5	+3.5	+3.5	+3.5	+3.5	+3.5	+3.5
石墨		10	10	10	10	10	10	10	8	6	4

试样编号		0号	1号	2号	3号	4号	5号	6号	7号	8号	9号
新镁砂	3~5 mm	23	16	8	0	23	23	23	23	23	23
	1~3 mm	32	32	32	32	22	11	0	32	32	32
	0.074~1 mm	15	15	15	15	15	15	15	15	15	15
	<0.074 mm	18	18	18	18	18	18	18	12	6	0
金属 Al 粉-45 μm（325 目）		2	2	2	2	2	2	2	2	2	2

4.1.1 耐火材料的物理性能

常温耐压强度主要表明制品性能的重要考察因素，是判断制品质量的常用检验项目，再生料加入量与常温耐压强度的关系如图 4-3~图 4-5 所示。

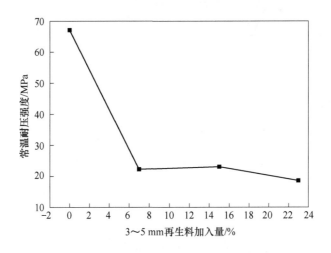

图 4-3 3~5 mm 回收料引入量对再生镁碳砖常温耐压强度的影响

随着不同形式回收料引入量的增多，镁碳砖的常温耐压强度不同程度降低。分析认为假颗粒及颗粒表面残碳对再生镁碳砖常温力学性能影响较大。同样发现不同形式回收料引入对再生砖常温力学性能影响程度不同，其中以 0 号配方和 3 号配方为例，最高引入量为 23% 的 3~5 mm 回收料与不引入回收料的再生镁碳砖力学性能相比，再生镁碳砖常温耐压强度降低了 48.5 MPa，平均多引入 1% 的 3~5 mm 回收料，常温耐压强度就降低 2.11 MPa。以 0 号配方和

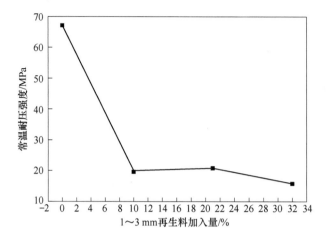

图 4-4 1~3 mm 回收料引入量对再生镁碳砖常温耐压强度的影响

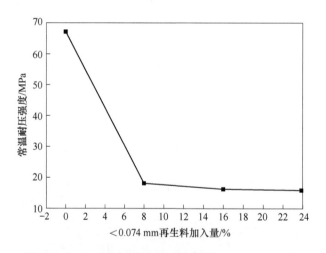

图 4-5 <0.074 mm 回收料引入量对再生镁碳砖常温耐压强度的影响

6 号配方为例，再生镁碳砖常温耐压强度降低了 51.3 MPa，平均引入 1% 的 1~3 mm 回收料，常温耐压强度就降低 1.60 MPa。以 0 号配方和 9 号配方为例，再生镁碳砖常温耐压强度降低了 51.2 MPa，平均引入 1% 的 <0.074 mm 回收料，试样常温耐压强度就降低 2.13 MPa。说明再生镁碳砖以 1~3 mm 回收料引入对其常温耐压强度影响最小，而以 <0.074 mm 形式回收料引入对再生砖常温耐压强度影响最大。

材料的显气孔率和体积密度是判断制品性能好坏的重要标准，影响到材料的常温性能和高温性能，图 4-6~图 4-8 所示是再生料不同的引入形式对再生镁碳砖积密度和显气孔率的关系图。

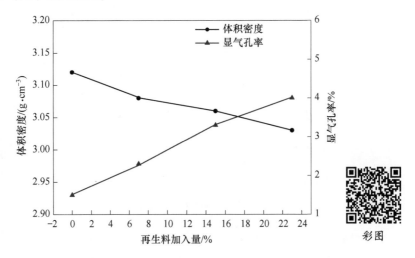

图 4-6 3~5 mm 回收料引入量对再生镁碳砖体积密度、显气孔率影响

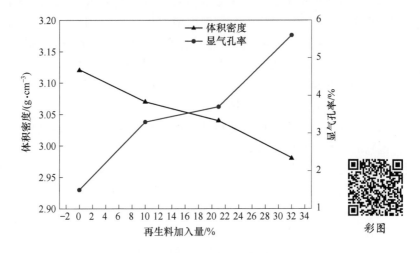

图 4-7 1~3 mm 回收料引入量对再生镁碳砖体积密度、显气孔率影响

从图 4-6~图 4-8 可以看出随着不同形式回收料引入量的增多，镁碳砖的体积密度普遍降低，显气孔率逐渐增加。分析认为再生镁碳砖中引入回收料的同时，假颗粒含量增加，回收料的致密度低于新镁砂的致密度，回收料引入量大，残炭含量多，在混炼时物料不易混合，泥料的润湿性不好，成型时试样致密性较差，导致制品的体积密度降低，显气孔率较大。同时发现由于引入物料形式的不同，回收料中假颗粒含量不同，对再生镁碳砖体积密度、显气孔率的影响程度不同，

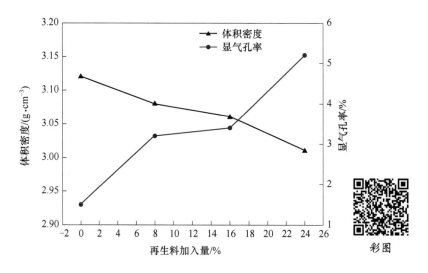

图 4-8　<0.074 mm 回收料引入量对再生镁碳砖体积密度、显气孔率影响

其中以 0 号配方和 3 号配方为例，引入 23% 的 3~5 mm 回收料与不引入回收料相比，再生镁碳砖体积密度降低了 0.09 g/cm³，平均引入 1% 的 3~5 mm 回收料，体积密度降低 0.0039 g/cm³，显气孔率增加 0.1087%。以 0 号配方和 6 号配方为例，平均引入 1% 的 1~3 mm 回收料，体积密度降低 0.0044 g/cm³，显气孔率增加 0.1281%。以 0 号配方和 9 号配方为例，平均引入 1% 的 <0.074 mm 回收料，体积密度降低 0.0046 g/cm³，显气孔率增加 0.1541%。从数据分析说明再生镁碳砖以 3~5 mm 回收料引入对其体积密度和显气孔率影响最小，而以 <0.074 mm 形式回收料引入对再生砖体积密度和显气孔率影响最大。原因是细粉中含有较多的碳，混料时不易与树脂结合，加入量越多，泥料的润湿性能越差，越不易成型；同时镁碳砖经高温使用后生成的碳化铝，经破碎后大部分分布在细粉中，因此当再生料以细粉形式加入时，再生镁碳砖均出现了不同程度的开裂，严重影响试样的体积密度和显气孔率。

　　高温抗折强度是指材料在高温下单位截面所能承受的极限弯曲应力。它是表征材料在高温下抵抗弯矩的能力和制品的强度指标。主要取决于制品的化学矿物组成，组织结构和生产工艺。图 4-9~图 4-11 是再生料引入形式对再生镁碳砖高温抗折强度影响图。

　　从图 4-9~图 4-11 可以看出随着不同形式回收料引入量的增多，试样高温抗折强度总体呈下降趋势，但不同粒度的再生料的引入对再生镁碳砖高温抗折强度性能的影响有较大的差别。0 号试样与 3 号试样进行比较，高温抗折强度下降 1.47 MPa，说明平均多引入 1% 的 3~5 mm 的再生料高温抗折强度下降 0.0639 MPa；0 号试样与 6 号试样进行比较，高温抗折强度下降 2.67 MPa，说明平均多引入

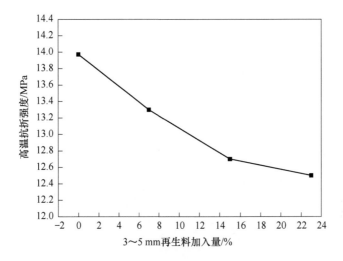

图 4-9   3~5 mm 回收料引入量对再生镁碳砖高温抗折强度的影响

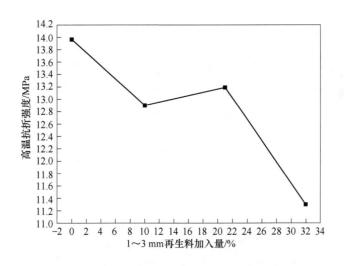

图 4-10   1~3 mm 回收料引入量对再生镁碳砖高温抗折强度的影响

1%的 1~3 mm 的再生料，试样高温抗折强度下降 0.0834 MPa；最后将 0 号试样与 9 号试样进行比较，得出高温抗折强度下降 3.47 MPa，说明平均多引入 1%的 <0.074 mm 的再生料，试样高温抗折强度下降 0.1446 MPa。

如图 4-9~图 4-11 相比较回收料以 3~5 mm 形式引入 1%试样高温抗折强度下降 0.0639 MPa，而回收料以 <0.074 mm 形式引入 1%试样高温抗折强度下降 0.1446 MPa。得出结论，回收料以 3~5 mm 颗粒形式引入对试样的高温抗折强度性能影响较小，以 <0.074 mm 细粉形式引入对试样的高温抗折强度性能影响较大。

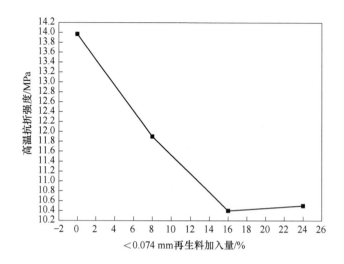

图 4-11 <0.074 mm 回收料引入量对再生镁碳砖高温抗折强度的影响

4.1.2 耐火材料的抗氧化性

　　镁碳砖具有良好的热震稳定性、抗渣性、高温强度等性能，广泛应用于转炉、电炉、钢包内衬和渣线等部位。镁碳砖中抗氧化剂的引入，目的就是增强镁碳砖抵抗氧化的能力，使其在高温条件下碳尽可能长时间不被烧掉，以及阻止碳和氧化镁在高温条件下的反应。由于碳的不被润湿性能防止熔渣向镁碳砖内部渗透，有助于提高抗侵蚀性。从图 4-12 中可以看出试样周边已经被氧化，呈现黄色。中间黑色部分为未被氧化的镁碳砖。3 号试样和 9 号试样脱碳层厚度相近，与 6 号试样相比较，6 号试样的脱碳层更厚一些，原因是 6 号试样的再生料加入量比 3 号和 9 号多。9 号试样的再生料是以细分形式加入的。

0号　　　　　　　　　　　　　　　　　　　3号

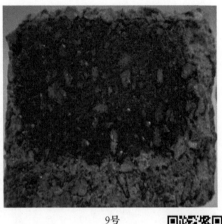

6号　　　　　　　　　　9号

图4-12　再生料引入形式不同对再生镁碳砖试样抗氧化
性能影响的宏观照片

彩图

从氧化面积来看，如图4-13所示。从图中可以很明显地可看出，0号试样也就是全新料的空白试样，它的氧化面积最大，它的抗氧化性最差；3号加入23%的3~5 mm再生料的3号试样的氧化面积最小，它的抗氧化性最强；9号加入24%的<0.074 mm的再生料的抗氧化性次之；6号加入32%的1~3 mm的再生料的试样氧化面积要比3号和6号大，但是氧化面积仍然比0号试样要小。这种现象说明，抗氧化性的强弱取决于碳的含量，0号试样的含碳量全部是由石墨提供的，而其余试样的碳含量不但是由石墨提供，还包括再生料里面所含的残炭也提供试样里面所含的碳。3号试样的抗氧化性最好：一方面是因为3号试样的含碳量要多于0号试样；另一方面是因为3号试样的再生料是以3~5 mm形式引入的，这部分的再生料中假颗粒含量少，在混料碾压的过程中产生的细分也相对要少，因此试样的强度高，抗氧化性也就比其他试样要高。9号是试样的抗氧化性次之，是因为9号试样的再生料加入量要比3号试样多，9号试样的再生料是以<0.074 mm形式引入的，这部分再生料中假颗粒多，因此试样的强度低，容易氧化。6号试样是再生料引入量最多的试样，是以1~3 mm形式引入的，同样在混料碾压的过程中有一部分颗粒遭到破坏形成细粉。6号试样的抗氧化性最差：一方面是因为再生料加入量多；另一方面是因为颗粒遭到破坏形成细粉，造成试样强度降低，因此抗氧化的能力下降。

4.1.3　耐火材料的抗渣性

耐火材料在熔渣中的侵蚀情况除了与熔渣组成和性质有关外，还与试验条件有关。本试验采用的熔渣是（精炼）钢包渣，其主要成分是MgO、Al_2O_3、SiO_2、

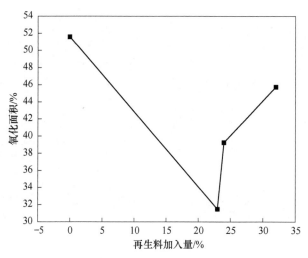

图 4-13 再生料引入形式不同对再生镁碳砖抗氧化性的影响

CaO、FeO、MnO。本节研究废砖的引入形式对材料抗渣性能的影响。按表 4-3 所示的试验配比，粒度为 3~5 mm 的废砖加入量为 7%、15%、23%；粒度为 1~3 mm 的废砖加入量为 10%、21%、32%；粒度为 <0.074 mm 的废砖加入量为 8%、16%、24%。通过改变不同粒度的废砖引入形式，研究其对材料抗渣性能的影响。

通过综合分析试样的常温性能和侵蚀后宏观照片，试验圆孔大小为 $\phi25$ mm× 25 mm，侵蚀后由于挂渣、渗透等原因，试样已经没有了清晰的界限，但可以明显看出熔渣层熔渣具有很强的渗透性，对试样的附着能力强，在 1500 ℃×2 h 条件下，熔渣已经处于熔融状态。

通过观察熔渣对试样的侵蚀，熔渣主要是通过基质对试样进行侵蚀渗透。渣侵蚀后的试验的剖面照片，如图 4-14 所示。从图中可以看出 6 号试样和 9 号试样都被熔渣渗透，而 0 号试样和 3 号试样不明显。

0号试样   3号试样

6号试样　　　　　　　　　　　　　　　9号试样

图 4-14　再生料引入形式不同的再生镁碳砖试样抗渣侵
性能宏观照片

彩图

　　耐火材料抗渣性是评价耐火材料使用性能的重要指标之一，是耐火材料在高温下抵抗熔渣侵蚀的能力。其表示方法可用熔渣侵蚀量 mm 或%表示。图 4-15 ~
图 4-18 分别为再生料不同的引入形式的再生镁碳砖和再生料不同的引入量的镁碳砖经过钢包渣侵蚀后的原砖层、过渡层和侵蚀层的扫描电镜照片。

　　静态坩埚抗渣侵蚀试样结果，图 4-15 为 0 号试样抗渣侵蚀微观照片，0 号试样为全新原料的空白试样，目的是与添加废砖的再生镁碳砖进行对比。图 4-15 (a) 为原砖层的显微照片，可以看见几乎没有被熔渣渗透的痕迹，而图 4-15 (c) 中有很明显的白色细线，类似裂纹，这正是熔渣通过基质渗透到砖的内部。图 4-16 (a) 为添加 23%的 3 ~ 5 mm 再生料的再生镁碳砖的原砖层，从图中可以清晰地看出它

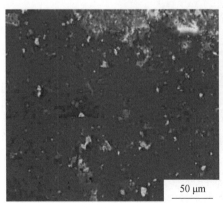
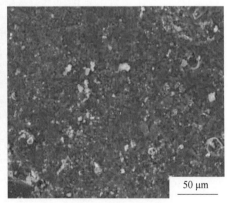

50 μm　　　　　　　　　　　　　　　　50 μm

(a)　　　　　　　　　　　　　　　　　　(b)

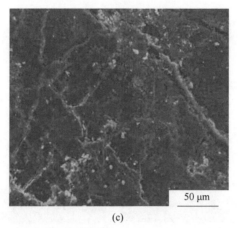

彩图

(c)

图 4-15 0 号镁碳砖再生料加入量 0 的试样原砖层、过渡层、侵蚀层的 SEM 图片（500×）

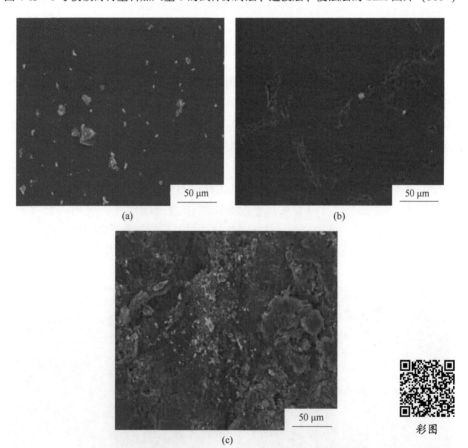

彩图

图 4-16 3 号镁碳砖再生料 3~5 mm 加入量 23% 的试样原砖层、
过渡层、侵蚀层的 SEM 图片（500×）

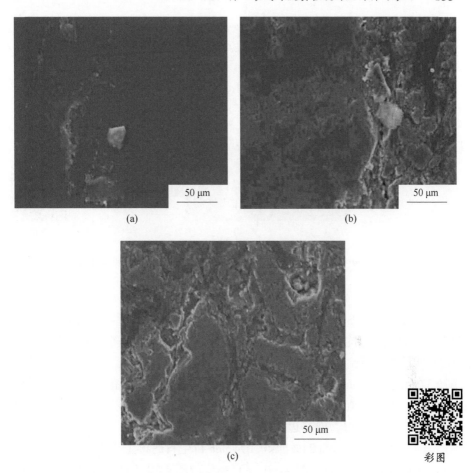

图 4-17 6 号镁碳砖再生料 1~3 mm 加入量 32%的试样原砖层、过渡层、
侵蚀层的 SEM 图片（500×）

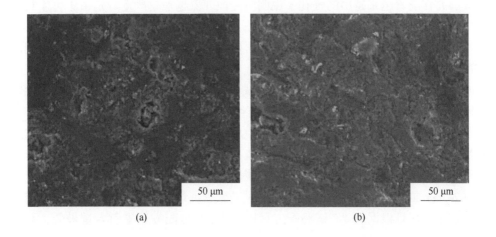

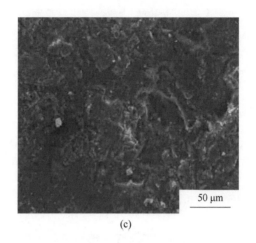

(c)

彩图

图 4-18　9 号镁碳砖再生料<0.074 mm 加入量 24% 的试样原砖层、
过渡层、侵蚀层的 SEM 图片（500×）

与图 4-15（a）差异不大，其中的白色物质为镁砂颗粒，这说明添加 3~5 mm 的再生料对试样原砖层的抗侵蚀性能影响很小，而且过渡层也不是很明显，图 4-16（c）侵蚀层很显明镁砂颗粒周围包裹的白色物质，镁碳砖基质遭到了破坏。图 4-17（a）为添加 32% 的 1~3 mm 再生料的再生镁碳砖的原砖层，并没有看到严重侵蚀的现象，图 4-17（b）是渣侵蚀试样的过渡层，有明显的过渡界限，图片左边可以看出颗粒周围的基质完好，而右边则是颗粒完全裸露在外面周围的基质已经完全被侵蚀。图 4-18（a）为添加 24% 的 <0.074 mm 再生料的再生镁碳砖的原砖层，较图 4-15（a）、图 4-16（a）、图 4-17（a）相比较图 4-18（a）原砖层有明显的侵蚀现象，且可以看到较多气孔且被熔渣侵蚀。图 4-15（c）、图 4-16（c）、图 4-17（c）、图 4-18（c）进行比较，可以看出图中的白色物质越来越多，且相对密集，并伴随着越来越多的气孔，说明渣侵蚀现象越来越严重。是由于再生料细粉的加入。镁碳砖脱碳层组织结构疏松。

　　从以上试验结果看出随着不同形式再生料引入量的增加，试样的各项性能均有所降低，其中在再生镁碳砖的致密度上看，3~5 mm 回收料引入对再生镁碳砖影响最小，而以 <0.074 mm 回收料的形式引入对再生镁碳砖影响最大。从再生镁碳砖力学性能上看，1~3 mm 回收料对再生镁碳砖影响最小，而以 <0.074 mm 回收料的形式引入对再生镁碳砖影响最大。从抗渣侵蚀性方面看，引入不同形式的再生料均对抗渣渗透性有负面影响，从渣的组成及再生镁碳砖结构上看，致密度是否与渣形成低熔点相是影响再生镁碳砖抗渣渗透性的主要影响因素。由于 <0.074 mm 回收料的形式引入对再生镁碳砖致密度影响最大，因此试样抗渗透性相对较差。而且根据表 4-3 试验配方可以看出，9 号配方石墨引入量最低，石墨

含量降低不利于再生镁碳砖抗渣侵蚀性。一方面，镁碳砖中所含的石墨被氧化脱碳而形成的气孔孔径很小，阻碍了熔渣及空气中的氧气进入气孔的数量，从而保护了材料内部的碳不被进一步氧化，起到了提高材料抗渣侵蚀性能的作用；另一方面，石墨脱碳后形成的气孔数量增多且分布均匀，这样就增加了材料的表面粗糙度。熔渣的浸润程度与耐火材料的表面粗糙度有关，耐火材料表面越粗糙，熔渣对其浸润性越强。此外，在含碳材料中添加 Al 粉可提高其脱碳层的致密程度。这是由于 Al 粉的氧化产物会进一步与氧化镁结合形成镁铝尖晶石，在脱碳层形成致密层。Al 粉添加得越多，生成的尖晶石也就越多，致密层越厚。抗渣性能越好，由于本试验配方 Al 粉加入量均为 2%，因此不从这方面考虑。根据渣化学成分及 $CaO\text{-}MgO\text{-}SiO_2$ 相图及 $CaO\text{-}FeO\text{-}SiO_2$ 相图分析，试样中容易出现 $FeSiO_3$ 及透辉石（CMS_2）、镁方柱石（C_2MS_2）等低熔点相，随着渣中氧化镁含量增加，渣的主要矿相成变化形成钙镁橄榄石（CMS）、镁橄榄石（M_2S）氧化镁与氧化亚铁固溶体等高温相。而以 <0.074 mm 形式引入回收料的再生镁碳砖中镁砂颗粒结合程度较差，<0.074 mm 回收料容易与渣中的 SiO_2、CaO、FeO 等反应，由于渣中 SiO_2（s）在高温状态下容易与石墨中的 C 反应形成 SiO(g) 和 CO(g) 气体，加剧了结构的疏松化程度，<0.074 mm 回收料中 SiO_2 含量一般高于 3~5 mm 和 1~3 mm 回收料中 SiO_2 含量，因此降低了再生镁碳砖抗渣渗透性。

4.2　加入量对镁质含碳耐火材料的影响

通过上一试验得出结论，再生料以不同形式引入，对再生镁碳砖性能的影响是不同的。本节研究再生料的加入量不同会对再生镁碳砖性能的影响。见表 4-4，从 1 号配方到 9 号配方，再生料的加入量逐渐增多，而且是从粒度为 3~5 mm 的再生料开始加入，随着再生料的增多，在引入粒度为 3~5 mm 的同时引入粒度为 1~3 mm 的再生料，当再生料的引入量还在增多时，只引入颗粒料是远远不够的，从 6 号配方开始，再生料就以 3~5 mm、1~3 mm、<0.074 mm 同时引入。

表 4-4　试样原料配比 （%）

试样编号		Z0	Z1	Z2	Z3	Z4	Z5	Z6	Z7	Z8	Z9
回收料	3~5 mm	0	10	20	23	23	23	23	23	23	23
	1~3 mm	0	0	0	7	17	27	32	32	32	32+6
	<0.074 mm	0	0	0	0	0	0	5	15	25	25+4
树脂 5320		+3.5	+3.5	+3.5	+3.5	+3.5	+3.5	+3.5	+3.5	+3.5	+3.5
石墨		14	13.5	13	12.5	12	10	9.4	8.8	7.5	6.6

试样编号		Z0	Z1	Z2	Z3	Z4	Z5	Z6	Z7	Z8	Z9
新镁砂	3~5 mm	23	13	3	0	0	0	0	0	0	0
	1~3 mm	32	32	32	25	15	5	0	0	0	0
	0~1 mm	15	15	15	15	15	15	15	15	10.5	1.4
	<0.074 mm	14	14.5	15	15.5	16	18	13.6	4.2	0	0
金属 Al 粉-45 μm（325目）		2	2	2	2	2	2	2	2	2	2

4.2.1 耐火材料的物理性能

常温耐压强度主要是指常温下耐火材料单位面积上所能承受的最大压力，是判断制品质量的常用检验项目指标。常温耐压强度能够反映镁碳砖的耐磨性、耐铁水和熔渣冲刷等性能。试验中根据再生料加入量不同，对再生镁碳砖耐压强度的影响，如图 4-19 所示。

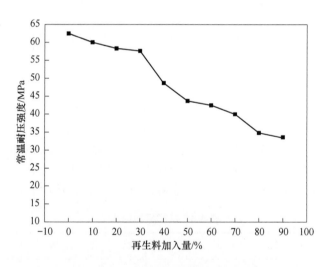

图 4-19 再生料加入量与常温耐压强度的关系

从图中分析可以看出，随着再生料引入量增加，试样的常温耐压强度有所下降。当再生料引入量少于 30% 时，试样的常温耐压强度下降不明显，再生料每增加 10% 时常温耐压强度平均降低 0.49 MPa。当再生料引入量大于 30% 时，从图中可以看出试样的常温耐压强度明显下降，30%~40% 时常温耐压强度下降较为严重，再生料加入量为 30%~90%，常温耐压强度降低了 24.0 MPa，说明再生料每增加 10% 试样的常温耐压强度就会下降 2.4 MPa。分析认为当再生料引入量少时，再生料的引入形式主要是以大于 1 mm 颗粒形式引入，再生料中假颗粒少，对再生镁碳砖的常温耐压强度影响较小。当引入量较多时，再生料的引入形式主要以细粉形式引入，残碳含量多，假颗粒较多，在混炼时物料不易混合，成型时试样致密性差，对再生制品的影响较大。

材料的显气孔率和体积密度是判断制品性能好坏的重要标准，影响到材料的常温性能和高温性能。图 4-20 是再生料引入量对再生镁质含碳耐火材料体积密度、显气孔率的影响。

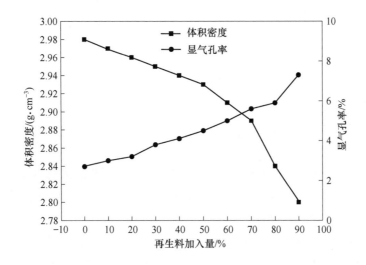

图 4-20 再生料引入量对再生镁质含碳耐火材料体积密度、显气孔率的影响

从图 4-20 可以看出，随着再生料引入量的增加，试样的显气孔率增加，体积密度降低。当再生料引入量小于 60% 时，即再生料加入量为 0 到再生料加入量为 60% 时，再生镁碳砖体积密度下降 0.07 g/cm³，显气孔率上升 1.93%，也就是再生料每增加 10% 试样的体积密度平均就下降 0.012 g/cm³，显气孔率平均上升 0.322%。当再生料引入量大于 60% 时，即再生料加入量为 70% 到再生料加入量为 90% 时，试样的体积密度降低明显，体积密度下降 0.08 g/cm³，显气孔率上升 3.5%，再生料每增加 10% 试样体积密度下降 0.027 g/cm³，显气孔率上升 1.17%。分析认为，大于 60% 时，试样中均有 <0.074 mm 的再生细粉加入，由于细粉中含有较多的碳，混料是不易与树脂结合，加入量越多，泥料的润湿性越差，越不易成型；这部分再生料中所含的假颗粒相对较多，在试样成型过程中，气体不容易排除。所以影响试样的体积密度和显气孔率。根据国家标准

（YB／T 4074—91）再生料加入量为80%时，体积密度和显气孔率均满足要求。

本试验为了了解再生料加入量与常温抗折强度的关系，设计了再生料含量分别是从0到90%的加入量对材料常温抗折强度的影响，如图4-21所示。

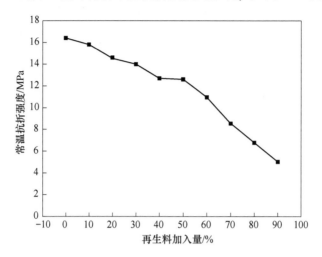

图 4-21　再生料加入量与常温抗折强度的关系

从图4-21分析随着再生料引入量的增加，试样的常温抗折强度整体呈下降趋势，0号试样为完全新料，试样的常温抗折强度为16.4 MPa，而5号试样为加入50%再生料的试样，其抗折强度为12.6 MPa 再生料加入量从0到50%时，试样常温抗折强度只下降3.8 MPa，每增加10%的再生料，试样的常温抗折强度就会平均下降0.76 MPa。当再生料加入量从0到50%时试样常温抗折强度性能下降并不明显，再生料加入量大于50%时试样常温抗折性能明显下降。再生料加入量60%时试样的常温抗折强度为10.96 MPa，而再生料加入量为90%时试样的常温抗折强度为5.03 MPa，再生料加入量从60%到90%时试样常温抗折强度下降5.93 MPa，每增加10%的再生料，试样的常温抗折强度就会平均下降1.48 MPa。分析认为，再生料中，由于回收的过程中通过破碎、筛分、碾压等处理工艺，其中的假颗粒含量较少，而真实的镁砂颗粒并没有遭到破坏，相对完好。因此对制品的性能影响不大，完全可以满足行业的标准要求。而当再生料加入量大于50%时试样的常温抗折强度呈明显的下降趋势，这是由于随着再生料引入量的增多，其中的再生料细粉也增多，同时在混料的过程中，通过碾压也将部分颗粒碾碎，导致细分量增多，因此影响试样的强度性能。

高温抗折强度表征材料在高温下抵抗弯矩的能力和制品的强度指标。图4-22为再生料的加入量对再生镁碳砖高温抗折强度的影响关系图。

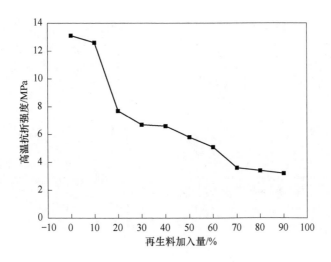

图 4-22　再生料加入量与高温抗折强度的关系

图 4-22 所示 0 号试样为全新镁砂料的空白试样，目的是与再生料制成的镁碳砖进行对比。从图可以明显看出，随着废砖加入量的增多，试样高温抗折强度总体呈明显的下降趋势。分析认为当再生料引入量少时，再生料的引入形式主要是以大于 1 mm 颗粒形式引入，再生料中假颗粒少，对再生镁质含碳耐火材料的高温强度影响较大。从图中可以看出当再生料引入量在 20% 时试样的高温抗折强度降低幅度很大。再生料的加入量由 20% 到 90%，试样的高温抗折强度下降 4.5 MPa，也就是说试样中每增加 10% 的再生料，其试样高温抗折强度平均降低 0.5625 MPa。

4.2.2　耐火材料的抗氧化性

在含碳耐火材料中，碳的氧化是耐火制品损毁的主要原因。碳的氧化会形成脱碳层，在脱碳层中，组织结构疏松，气孔变大，使熔渣和氧气更易进入制品内部，进一步引起制品的损毁。图 4-23 为再生镁碳砖的抗氧化试验宏观照片，0 号、3 号、6 号、9 号分别为再生料加入量为 0、30%、60%、90% 的试样。从图中可以看出 9 号试样周围黄色物质已经疏松，并且镁砂颗粒突出但被氧化的面积相对比较小。因为随着再生料引入量的增加，试样的含碳量也随之升高。而 0 号试样从外观来看周围黄色为物质被氧化，其中间黑色的为未被氧化的镁碳砖，所剩面积较 3 号、6 号、9 号相比较明显要小很多。0 号试样为全新的镁砂原料，碳含量为 14%，0 号试样中所含的碳完全是由石墨带来的，而之后试样中的碳不仅仅是石墨而已，还有再生料所带来的残碳。从试样宏观照片来看，说明含碳量越高镁碳砖的抗氧化能力就越强。

0号 3号

6号 9号

图 4-23 再生料不同引入量对再生镁碳砖试样抗氧化
性能宏观照片

彩图

从氧化面积来看，如图 4-24 所示。随着再生料引入量的增加，再生镁碳砖的氧化面积逐渐下降，即抗氧化性增强。当再生料加入量为 60% 时氧化面积最小，也说明再生料加入量为 60% 时，再生镁碳砖的抗氧化性能最好。9 号为再生料引入 90% 的试样，再生料的引入量增多，说明其含碳量高，抗氧化能强，但是由于再生料引入量多，导致试样的其他性质均下降，因此试样的疏松，抗氧化性也下降。

4.2.3 耐火材料的抗渣性

本节研究废砖加入量对材料抗渣性能的影响。按表 4-4 的试验配比，通过改

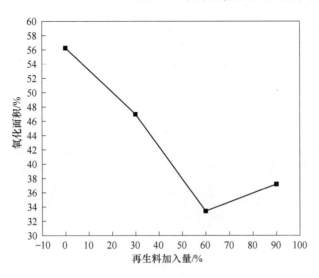

图 4-24 再生料不同引入量对再生镁碳砖试样抗氧化性能的影响

变废砖的加入量，加入量从 0 到 90% 时研究其对材料抗渣性能的影响。镁碳砖的抗渣侵蚀性能随着温度上升、渣碱性降低、渣中 FeO、MnO 含量增加等因素而降低。本节采用静态坩埚抗渣侵蚀的方法研究再生镁碳材料的加入量对再生钢包渣线镁碳砖的侵蚀，分析了镁碳砖被侵蚀的原因。

静态抗渣试验结果如图 4-25 所示，在静态抗渣试验条件下熔渣对镁碳耐火材料的侵蚀程度并不是很大。这是由于静态坩埚抗渣试验中，熔渣处于静止状态，而并非流动状态。在静止状态下熔渣与耐火材料反应达到平衡生成的平衡产物将熔渣与耐火材料层隔离。起到暂时保护耐火材料不被侵蚀的作用。从图 4-25 中可以清晰地看到熔渣与镁碳砖接触处有一层深灰色的物质，这说明熔渣完全渗入再生镁碳砖中。

Z0号试样

Z3号试样

Z6号试样　　　　　　　　　　　　Z9号试样

图4-25　再生料引入量不同的再生镁碳砖试样抗渣侵
性能宏观照片

彩图

　　图4-26~图4-29为镁碳材料静态抗渣试验后的电子显微镜图片,从图中可以看出熔渣已渗透到方镁石颗粒的晶间。镁砂颗粒晶界间有镁砂杂质在高温条件下所生成的钙镁硅氧化物混合而成的玻璃相,在1600 ℃以下这种氧化物容易形成液相,原来的位置就成为熔渣侵入砖体内部的通道。钙镁硅系混合氧化物是在熔渣中钙硅的氧化物组分和镁砂原料中钙硅氧化物杂质的共同作用下生成的。方镁石会被渗入方镁石晶间的熔渣所溶蚀并进入到熔渣中去。图4-26 (c)、图4-27 (c)、图4-28 (c)、图4-29 (c)为再生镁碳砖侵蚀层的图片,从图中可以看见白色花纹越来越多,这说明熔渣已经渗透到基质内部,方镁石周围的基质遭到破坏,将方镁石颗粒孤立其中,此时的方镁石颗粒已经被熔渣包围与耐火材料集体分离并熔入熔渣中去。

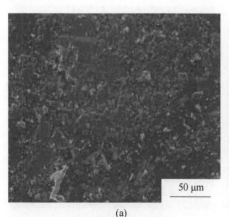

(a)　　　　　　　　　　　　　　　　(b)

(c)

图 4-26 镁碳砖再生料加入量 0%的试样原砖层、过渡层、侵蚀层的 SEM 图片（500×）

(a)

(b)

(c)

图 4-27 镁碳砖再生料加入量 30%的试样原砖层、过渡层、侵蚀层的 SEM 图片（500×）

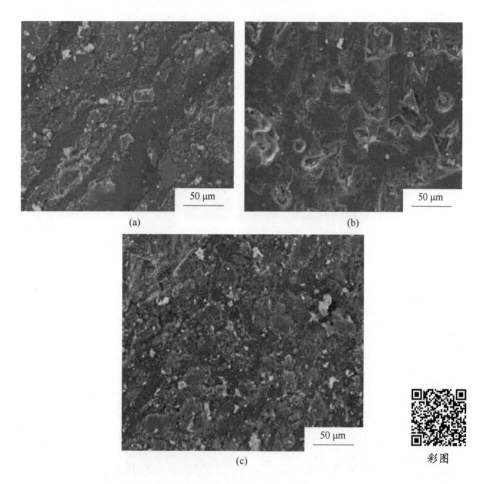

彩图

图 4-28 镁碳砖再生料加入量 60% 的试样原砖层、过渡层、侵蚀层的 SEM 图片（500×）

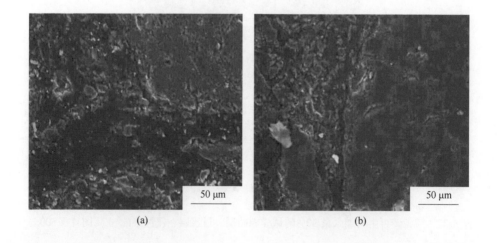

(c)

彩图

图 4-29　镁碳砖再生料加入量 90% 的试样原砖层、过渡层、侵蚀层的 SEM 图片（500×）

在镁碳砖的使用过程中，由于石墨容易被氧化，所以镁碳砖中的石墨首先被氧化成 $CO(g)$，而在原来石墨的位置留下气孔，这些气孔就成为熔渣通向耐火材料内部的通道。由于熔渣渗入耐火材料内部使砖体的内部结构遭到破坏，镁砂颗粒变得孤立。熔渣侵入耐火材料内部的另一条通道是镁砂原料中的钙硅等杂质在高温条件下，形成钙镁橄榄石低熔相。在静态坩埚抗渣试验中，由于形成了稳定的反应层，熔渣对镁碳复合材料的渗透过程降低，在某一时间段内接近停止。但是，在微观行为上，材料中的镁砂溶解在渣中，因此增加了渣的氧化镁含量。

由于试验过程中，钢水和熔渣始终处于静止状态，渣区镁碳复合材料所受到的侵蚀是双重的，一方面是熔渣的侵蚀，包括渣中氧化物对石墨的氧化和渣中氧化物对镁砂颗粒及基质的破坏；图 4-29 为再生料加入量为 90% 的再生镁碳砖，由于再生料加入量的增多，而再生料的含碳量要比新镁砂高，因此 9 号试样的含碳量相对其他要高很多。另一方面，材料中石墨在钢水中的溶解极大破坏了复合材料的结构，进一步加剧了熔渣对耐火材料的侵蚀。实际生产过程中，位于渣线部位的镁碳砖中的石墨容易融入钢水中，此现象对砖体的结构造成了严重的破坏。

由于在高温条件下，镁碳砖用镁砂原料中所存在的杂质容易形成低熔点玻璃相，玻璃相在渣液的搅动下会溶入渣中，更进一步地破坏镁碳砖的结构，在镁碳砖基质流失到熔渣中去的同时周围镁砂颗粒也变得孤立了，随后它也流失到熔渣中去，造成镁碳砖的熔损。试验的试样中镁砂原料逐渐被再生原料所代替。渣中的氧化物对镁碳砖中的石墨进行了氧化，石墨氧化后会在原位留下气孔，成为熔渣侵入的通道，渣中含有的锰、铁等氧化物，会加剧镁碳砖中石墨的氧化。从再生煤碳砖抗渣侵蚀的显微结构照片可以看出，图 4-26（a）~ 图 4-29（a）黑色物质为石墨，从上至下依次越来越少，说明石墨被氧化得越来越多。是由于再生料添加量增多时试样的致密性也会越差，因此气孔增多，熔渣更容易侵入试样内，使石墨氧化，从而破坏镁碳砖的内部结构。

5 数值模拟在镁质含碳耐火材料中的应用研究

耐火材料在高温下的性能具有复杂多变和高温难见等特点，基于数值模拟技术的高速发展，通过数值模拟方法研究镁质含碳耐火材料可以进行有效的预测，为进一步的应用提供理论基础。本章介绍了通过分子动力学研究 MgO(-Mg₂SiO₄)-SiC-C 耐火材料的界面结合机制、通过有限元方法研究 MgO-C-Ti₃AlC₂耐火材料的损毁机制、MgO-C-Ti₃AlC₂耐火材料的热化学模拟。

5.1 分子动力学研究 MgO(-Mg$_2$SiO$_4$)-SiC-C 耐火材料的界面结合机制

MgO-SiC-C 耐火材料和 MgO-Mg₂SiO₄-SiC-C 耐火材料都是复相材料，存在多个异相之间的界面，界面承担传递应力和温度等功能，对耐火材料的性能有很大影响。本节通过分子动力学方法分别研究 MgO-SiC-C 耐火材料和 MgO-Mg₂SiO₄-SiC-C 耐火材料中各适配晶面的界面结构演化过程，并计算界面结合能等参数，分析复相耐火材料各界面的结合机制，通过透射电子显微镜观察实际界面两侧物相的晶面组成，将模拟与实际结合，构建 MgO(-Mg₂SiO₄)-SiC-C 耐火材料的界面结合模型。

5.1.1 分子动力学模拟方案

分子动力学是基于牛顿力学模拟分子运动，对系统中各原子运动状态的一种微观描述。原子运动遵循经典的运动规律，其中最常见的形式是牛顿运动方程。对于由 N 个原子构成的体系，第 i 个原子有：

$$\boldsymbol{F}_i = m_i a_i \tag{5-1}$$

$$a_i = \frac{\mathrm{d}^2 \boldsymbol{r}_i}{\mathrm{d}t^2} \tag{5-2}$$

式中　$\boldsymbol{F}_i$——受力矢量；

　　　m_i——原子质量；

　　　a_i——加速度；

r_i ——坐标矢量；

t ——时间。

分子动力学是一种统计物理的方法，获取一系列状态集合的手段。将电子的运动和原子核的运动分开考虑，其哈密顿（Hamilton）量如下：

$$H = K + u \tag{5-3}$$

式中　H ——体系的哈密顿量；

　　　K ——体系的总动能；

　　　u ——总势能，仅与质点的坐标位置有关。

$$K = \frac{1}{2} \sum_{i=1}^{N} m_i (\dot{x}_i^2 + \dot{y}_i^2 + \dot{z}_i^2) \tag{5-4}$$

式中　$(\dot{x}_i, \dot{y}_i, \dot{z}_i)$ ——原子 i 的位置对时间的一阶导数，即速度。

$$u = u(x_1, y_1, z_1, \cdots, x_j, y_j, z_j, \cdots, x_n, y_n, z_n) \tag{5-5}$$

结合笛卡尔坐标，可以获得系统的运动方程，简称为哈密顿方程组。

$$\begin{cases} \dfrac{\partial H}{\partial q_i} = -\boldsymbol{p}_i \\[2mm] \dfrac{\partial H}{\partial p_i} = \boldsymbol{q}_i \end{cases} \quad i = 1, 2, \cdots, f \tag{5-6}$$

式中　$\boldsymbol{p}_i$ ——广义坐标矢量；

　　　$\boldsymbol{q}_i$ ——广义动量矢量。

对原子动力学方程组的求解方法包括 Euler 算法、Verlet 算法、蛙跳算法、速度 Verlet 算法等，Verlet 算法形式简单且计算结果准确，性能稳定，普遍应用于众多分子动力学程序中。

分子动力学的基本原理为：建立一个原子系统，根据量子力学计算体系的构型积分，通过对原子动力学方程组进行求解，得到原子空间的运动规律和轨迹，根据物理原理得出该体系的热力学量和其他宏观量，对材料的性能进行理论解释。

5.1.1.1　模型构建

本节中分子动力学模拟通过 Materials Studio 软件完成，Materials Studio 软件能够建立三维结构模型，并对各种晶体、无定形及高分子材料的性质及相关过程进行深入的研究，是目前最为常用的分子动力学模拟软件之一。采用 Materials Studio 中的 Visualizer 模块构建界面模型，Visualizer 模块提供搭建材料结构模型所需要的所有工具，并支持其他模块进行后续处理。分子动力学模型的建立首先需要确定界面两侧物相的晶面，具有高指数面的晶面，其配位饱和度低，反应活化能低，更有利于与异相形成键合，该暴露的晶面被称作活性晶面。通过分析 MgO-SiC-C 耐火材料试样和 MgO-Mg$_2$SiO$_4$-SiC-C 耐火材料试样的 XRD 图谱中各相的晶面指数，确定活性晶面，晶面参数见表 5-1，耐火材料中各相的晶体结构如图 5-1 所示。

表 5-1 MgO-SiC-C 耐火材料和 MgO-Mg₂SiO₄-SiC-C 耐火材料中各相的活性晶面参数

研究对象	晶面	尺寸/Å （1 Å=0.1 nm）		角度/(°)
		u	v	θ
MgO	(1 0 0)	2.98	2.98	90
	(1 1 1)	2.98	2.98	120
SiC	(1 1 0)	4.35	3.08	90
	(1 1 1)	3.08	3.08	120
石墨	(0 0 1)	2.46	2.46	120
Mg₂SiO₄	(0 2 1)	4.77	15.78	90
	(1 3 1)	15.23	7.67	85.36

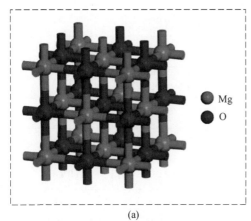

(a)

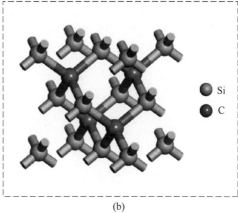

(b)

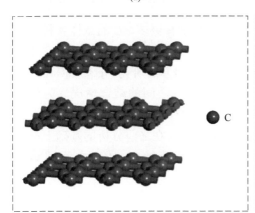

(c)

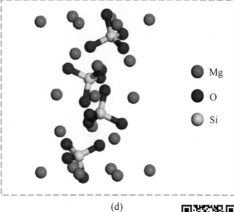

(d)

图 5-1 MgO(-Mg₂SiO₄)-SiC-C 耐火材料中各相的晶体结构

(a) MgO; (b) SiC; (c) 石墨; (d) Mg₂SiO₄

彩图

对各晶体在活性晶面处切晶胞,如对 MgO 沿（1 0 0）晶面切割分面,记作 MgO(1 0 0)。根据界面两侧物质晶格失配小于 5% 的原则,对各晶体进行扩胞,界面两侧不同相的适配晶面见表 5-2。为简化描述,MgO(1 0 0) 和 SiC(1 1 0) 的界面,记作 MgO(1 0 0)//SiC(1 1 0)。

表 5-2 界面两侧的适配晶面

界面	MgO	SiC	石墨	Mg_2SiO_4
1	(1 0 0)	(1 1 0)	—	—
2	(1 1 1)	(1 1 1)	—	—
3	—	(1 1 1)	(0 0 1)	—
4	(1 1 1)	—	(0 0 1)	—
5	(1 0 0)	—	—	(0 2 1)
6	(1 0 0)	—	—	(1 3 1)
7	—	(1 1 1)	—	(0 2 1)
8	—	(1 1 1)	—	(1 3 1)
9	—	—	(0 0 1)	(0 2 1)
10	—	—	(0 0 1)	(1 3 1)

在 MgO-SiC-C 耐火材料的研究中发现,热震后含有更多 SiC 的试样骨料剥落情况较少,这表明 SiC 加强了方镁石和石墨的结合。为分析 SiC 和 MgO-SiC-C 耐火材料体系内其他物相的结合机制,通过分子动力学方法研究 MgO//SiC（界面 1~2）、SiC//石墨（界面 3）、MgO//石墨（界面 4）之间的结合情况。为分析 MgO-Mg_2SiO_4 骨料中异相的结合机制,研究 MgO//Mg_2SiO_4（界面 5~6）的结合。为分析 MgO-Mg_2SiO_4-SiC-C 耐火材料各相的结合机制,在之前分析的基础上补充分析 SiC//Mg_2SiO_4（界面 7~8）、石墨//Mg_2SiO_4（界面 9~10）之间的结合情况。

5.1.1.2 模拟过程

通过 Materials Studio 中的 Forcite 模块对各界面进行结构优化、分子动力学模拟热处理和冷却过程,分析界面演变过程并计算界面的结合能等参数,建立 MgO-SiC-C 耐火材料和 MgO-Mg_2SiO_4-SiC-C 耐火材料异相界面的结合模型。Forcite 模块是 Materials Studio 中经典的分子力学工具,可以对单分子和周期性体系的几何优化、动力学模拟和能量计算，包含 COMPASS、Universal 等力场，支持从简单分子到二维表面到三维周期等范围的能量计算。

在分子动力学模拟前需要对建立的界面模型进行几何优化，以免因初始结构不合理而导致分子动力学模拟结果不可靠。系综（Ensemble）是具有相同宏观性质（如压强、温度、质量等），而微观状态（如原子动量、位置等）不同的一系列体系的集合。在统计物理学中，常用的系统有：微正则系综、正则系综和巨正则系综。首先将模块置于微正则系综（NVE，粒子数 N、系统体积 V 和总能量 E 不变，处于平衡态的孤立系统中），温度为 4000 K，持续时间 10 ps，利于系统中原子的充分弛豫，获得较低的能量构型。为模拟热处理过程，分子动力学温度设定为 1873 K，持续时间 20 ps，系综改为等温等压系综（NPT，具有确定的粒子数 N、压强 P 和温度 T，与外界可交换能量）。为模拟冷却过程，分子动力学温度设定为 300 K，持续时间 10 ps，仍为 NPT 系综。上述过程中步长均为 1 fs。

分子动力学模拟力场选定为 COMPASS 力场，COMPASS 力场是基于量子力学方法对凝聚态体系进行原子尺度模拟研究的力场，该力场能够模拟孤立分子的结构、振动频率、热力学性质等，而且能够模拟出更准确的凝聚态的结构与性质。

当体系能量变化后，原子会发生移动，降低系统能量，达到新的平衡，原子在渐变物理过程中，从某一状态逐渐地恢复到平衡态的过程称为弛豫。原子的弛豫会形成键的拉伸或收缩，使晶格发生结构重构，键长弛豫比的计算公式如下：

$$R = (L_0 - L_1)/L_0 \tag{5-7}$$

式中　R——界面键的弛豫比；

　　　L_0——初始键长度；

　　　L_1——最终键长度。

界面结合能是度量混合体系中不同组分之间相互作用能大小的参数。结合能的计算公式如下：

$$E_{bind} = E_{system1} + E_{system2} - E_{total} \tag{5-8}$$

$$A = (a \times b) \times \sin\gamma \tag{5-9}$$

式中　E_{bind}——界面结合能；

　　　E_{system}——单一系统的能量，单一系统包括 MgO、SiC、石墨或 Mg$_2$SiO$_4$；

　　　E_{total}——模型的总能量；

　　　A——界面的面积；

　　a，b，γ——界面的晶格参数。

本节通过 Perl 语言编写脚本，在 Materials Studio 中计算各适配晶面的界面结合能，并对晶面的稳定性进行分析。

界面黏附功是描述界面结合性能的参数，反映界面结构与两个表面结构之间的能量差。黏附功的计算公式如下：

$$W_{ad} = E_{bind}/A \tag{5-10}$$

式中 W_{ad}——黏附功。

为分析分子动力学模拟结果是否能反映实际界面的结合情况，对 MgO-SiC-C 耐火材料试样和 MgO-Mg₂SiO₄-SiC-C 耐火材料试样进行透射电镜检验，通过 Digital Micrograph 软件对 HRTEM 照片分析，通过衍射光斑的强度确定晶面。

5.1.2 MgO-SiC-C 耐火材料的界面分子动力学研究

5.1.2.1 MgO//SiC 界面分子动力学研究

图 5-2 为分子动力学模拟前后不同位相匹配关系的 MgO//SiC 界面图，距离界面较远的原子层弛豫较小，而界面处由于原子的相互作用，原子位置发生较大的变化。MgO(1 1 1)//SiC(1 1 1) 界面相比于 MgO(1 0 0)//SiC(1 1 0) 界面，界面处弛豫更多，表 5-3 为 MgO//SiC 的界面参数。键的弛豫程度用 R 表示，当键发生收缩时，R 值为正。各组 MgO//SiC 界面键的弛豫都为正值，说明界面键发生收缩，界面键合作用增强。MgO(1 1 1)//SiC(1 1 1)-Si 的界面键为三棱锥型 Si—O 键，而 MgO(1 0 0)//SiC(1 1 0) 的界面键为 I 型 Si—O 键，对比两个界面键的 R 值，三棱锥键的弛豫程度更大，说明三棱锥型键相比于 I 型键更复杂，利于维持界面结合的稳定。在 MgO(1 1 1)//SiC(1 1 1)-Si 界面 Si 原子向下弛豫，O 原子向上弛豫。在 MgO(1 1 1)//SiC(1 1 1)-C 界面 C 原子向下弛豫，O 原子向上弛豫，C—O 键的弛豫程度比 Si—O 键小 12.0%。这是因为 C—O 键是强极性的共价键，而 Si—O 键是具有 50% 离子键特征的共价键，在体系能量变化时可弛豫的能力更强，利于降低系统能量，达到平衡体系。

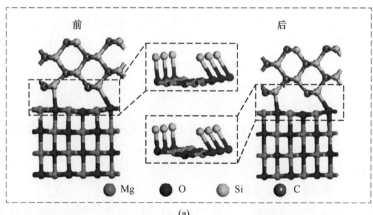

(a)

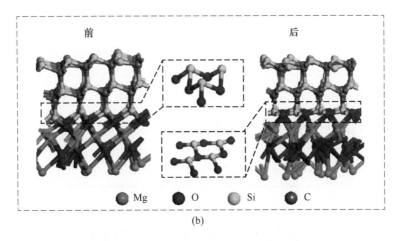

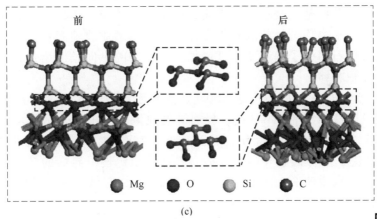

图 5-2　分子动力学模拟前后的界面图

(a) MgO(1 0 0)//SiC(1 1 0)；(b) MgO(1 1 1)//SiC(1 1 1)-Si；
(c) MgO(1 1 1)//SiC(1 1 1)-C

彩图

E_{bind}反映整个模型和界面两侧系统之间的能量差异，当E_{bind}为正值，说明体系可以稳定存在，E_{bind}越大，混合体系中组分之间的相互作用越强，表示体系稳定性越高。各组 MgO//SiC 界面的E_{bind}均为正值，因此 MgO//SiC 之间存在稳定键合界面，方镁石和 SiC 之间直接结合。界面黏附功W_{ad}的值越大，单位面积上界面结构越稳定。MgO//SiC 的三个界面中黏附功的值 MgO(1 1 1)//SiC(1 1 1)-Si > MgO(1 1 1)//SiC(1 1 1)-C > MgO(1 0 0)//SiC(1 1 0)。MgO(1 1 1)//SiC(1 1 1)-Si 由于具有三棱锥型的强结合键型和 Si-O 界面键，其界面黏附功最高，是 MgO//SiC 中最稳定结合的界面。

表 5-3 MgO//SiC 的界面参数

界　面	键组成	键型	R /%	E_{bind} /(kcal·mol^{-1})	A /Å^2(1 Å=0.1 nm)	W_{ad} /(J·m^{-2})
MgO(1 0 0)//SiC(1 1 0)	Si—O	I 型	3.4	11420.4	76.4	149.5
MgO(1 1 1)//SiC(1 1 1)-Si	Si—O	三棱锥型	26.2	27173.2	103.1	263.6
MgO(1 1 1)//SiC(1 1 1)-C	C—O	三棱锥型	14.2	17707.9	87.1	203.3

5.1.2.2 SiC//石墨界面分子动力学研究

图 5-3 为分子动力学模拟前后 SiC(1 1 1)//石墨(0 0 1) 的界面图，距离界面较远的原子层弛豫较小，而界面处由于原子的相互作用，原子位置发生较大的变化。平整均匀片状的石墨在几何优化后形成波浪起伏的层片状，在动力学模拟后石墨原子的弛豫程度增加，石墨层的纵向长度增加，横向长度减少，总体积收缩。

表 5-4 为 SiC(1 1 1)//石墨(0 0 1) 的界面参数。界面键为 I 型、Y 型、三棱锥型及四棱锥型的 Si—C 键，界面键的弛豫为正值，表示界面键发生收缩，界面键合作用增强。I 型键的弛豫最小，为 4.9%，其他键型的弛豫程度均高于 I 型键，多种键型共存可以提高界面的稳定性。界面的结合能和黏附功都为正值，也说明 SiC(1 1 1)//石墨(0 0 1) 具有稳定键合界面。

前　　　　　　　　　　　　　　后

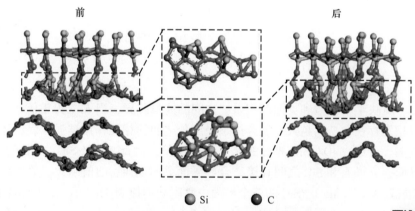

● Si　　　● C

图 5-3 分子动力学模拟前后的界面图
SiC(1 1 1)//石墨(0 0 1)

彩图

表 5-4 SiC(1 1 1)//石墨(0 0 1) 的界面参数

界　面	键组成	键型	R/%	E_{bind}/(kcal·mol^{-1})	A/Å^2(1 Å=0.1 nm)	W_{ad}/(J·m^{-2})
SiC(1 1 1)//石墨(0 0 1)	Si—C	I 型	4.9	1150.6	115.1	10.0
		Y 型	10.7			
		三棱锥型	7.3			
		四棱锥型	8.8			

5.1.2.3 MgO//石墨界面分子动力学研究

图 5-4 为分子动力学模拟前后 MgO(1 0 0)//石墨(0 0 1) 的界面图, 分子动力学模拟后 MgO 和石墨出现弛豫现象。平整均匀片状的石墨界面在几何优化后形成波浪起伏的层片状, 在动力学模拟后石墨原子层的曲度下降, 石墨层纵向长度增加, 总体积增加。MgO 原有的晶体结构在分子动力学模拟后发生较大改变, MgO 层纵向长度增加, 总体积增加。表 5-5 为 MgO(1 0 0)//石墨(0 0 1) 的界面参数, 界面键为 I 型和 Y 型 C—O 键。界面键的弛豫为负值, 表示界面键发生拉伸, 界面键合作用减弱。界面的结合能和黏附功都为负值, 说明 MgO(1 0 0)//石墨(0 0 1) 界面不能稳定存在, 方镁石和石墨之间没有直接键合的界面, 这从分子学角度解释了镁碳耐火材料的结合欠佳, 增加 SiC 作为桥梁, 可以加强体系的结合。

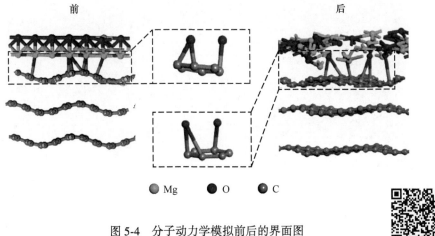

前　　　　　　　　　　　　　　　　　　　后

● Mg　　● O　　● C

图 5-4 分子动力学模拟前后的界面图
MgO(1 0 0)//石墨(0 0 1)

彩图

表 5-5 MgO(1 0 0)//石墨(0 0 1) 的界面参数

界　面	键组成	键型	R /%	E_{bind} /(kcal·mol^{-1})	A /Å^2(1 Å=0.1 nm)	W_{ad} /(J·m^{-2})
MgO(1 1 1)//石墨(0 0 1)	C-O	I 型	-17.0	-5600.5	196.6	-28.5
		Y 型	-44.5			

5.1.2.4 MgO-SiC-C 耐火材料的界面模型

图 5-5 中的 HRTEM 照片显示, SiC 分别与 MgO、石墨形成直接键合界面, 其位相关系为 MgO(1 1 1)//SiC(1 1 1)、SiC(1 1 1)//石墨(0 0 1)。HRTEM 照片中观察到的晶面位相关系与分子动力学模拟结果一致, 说明分子动力学模拟能够准确预估复相材料的界面结合情况。SiC 分别与 MgO 和石墨以最高键合强度的方式结合, 说明界面稳定且结合良好。图 5-6 为 MgO-SiC-C 耐火材料各相间的界面模型示意图, SiC 分别与 MgO、石墨结合, SiC 作为桥梁使镁碳间接结合, 可以有效强化复相材料。

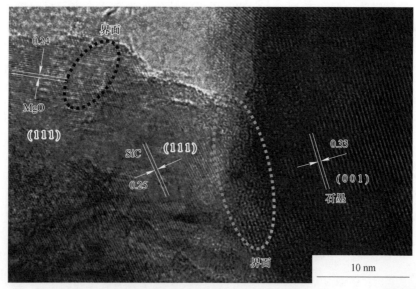

图 5-5 MgO-SiC-C 耐火材料中界面的 HRTEM 照片
MgO//SiC 和 SiC//石墨

彩图

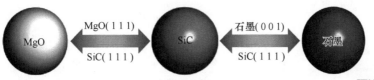

图 5-6 MgO-SiC-C 耐火材料各相间的界面模型示意图

彩图

5.1.3 MgO-Mg₂SiO₄-SiC-C 耐火材料的界面分子动力学研究

5.1.3.1 MgO//Mg₂SiO₄ 界面分子动力学研究

图 5-7 为分子动力学模拟前后 MgO//Mg₂SiO₄ 的界面图。在分子动力学模拟后，Mg₂SiO₄ 层的纵向长度减少，横向长度减少，总体积收缩，MgO 中 Mg 原子和 O 原子都发生较大的弛豫，但仍维持原有的晶体结构，没有化学键的断裂。Mg₂SiO₄(1 3 1) 晶面的原子相比于 Mg₂SiO₄(0 2 1) 弛豫程度增加，总体积收缩更多。表 5-6 为 MgO//Mg₂SiO₄ 的界面参数，界面键为 O—O 键，界面键为 I 型和 Y 型，两种键型共存可以提高界面的稳定性。两组界面的结合能均为正值，说明 MgO//Mg₂SiO₄ 存在稳定键合界面，因此 MgO-Mg₂SiO₄ 骨料是一种结合性良好的复相骨料，同时骨料中的镁橄榄石和基质中的方镁石也具有良好的结合性。MgO(1 0 0)//Mg₂SiO₄(1 3 1) 界面的黏附功比 MgO(1 0 0)//Mg₂SiO₄(0 2 1) 大 63.0%，说明 Mg₂SiO₄(1 3 1) 与 MgO(1 0 0) 的结合更紧密。

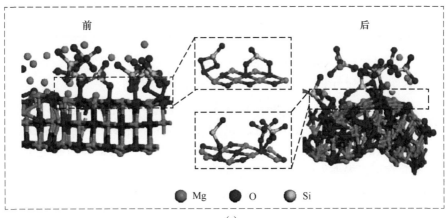

Mg ● O ● Si

(a)

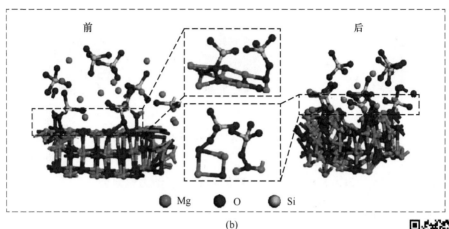

前　　　　　　　　　　　　　　　　　　　　　　后

● Mg　● O　● Si

(b)

图 5-7　分子动力学模拟前后的界面图

(a) MgO(1 0 0)//Mg₂SiO₄(0 2 1)；(b) MgO(1 0 0)//Mg₂SiO₄(1 3 1)

彩图

表 5-6　MgO//Mg₂SiO₄ 的界面参数

界　　面	键组成	键型	R /%	E_{bind} /(kcal·mol⁻¹)	A /Å²(1 Å = 0.1 nm)	W_{ad} /(J·m⁻²)
MgO(1 0 0)//Mg₂SiO₄(0 2 1)	O—O	I 型	5.1	12845.6	83.7	153.5
		Y 型	4.2			
MgO(1 0 0)//Mg₂SiO₄(1 3 1)	O—O	I 型	1.8	35765.7	143.0	250.1
		Y 型	10.8			

5.1.3.2　SiC//Mg₂SiO₄ 界面分子动力学研究

图 5-8 为分子动力学模拟前后 SiC//Mg₂SiO₄ 的界面图。

在分子动力学模拟后，Mg₂SiO₄ 层的纵向长度减少，横向长度减少，总体积收缩，SiC 层的弛豫较少。表 5-7 为 SiC//Mg₂SiO₄ 的界面参数，界面键为 I 型的 Si—O 键、Y 型的 C—O 键及 Si—O 键，界面键包括两种键型和两种键的组成，多种键型共存可以提高界面的稳定性。两组界面的结合能均为正值，说明 SiC// Mg₂SiO₄ 存在稳定键合界面，因此镁橄榄石与 SiC 稳定结合。SiC(1 1 1)// Mg₂SiO₄(1 3 1) 界面的黏附功比 SiC(1 1 1)//Mg₂SiO₄(0 2 1) 大 63.1%，说明 Mg₂SiO₄(1 3 1) 与 SiC(1 1 1) 的结合更紧密。

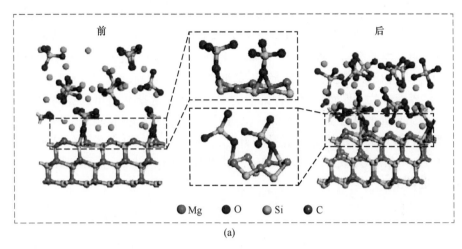

(a)

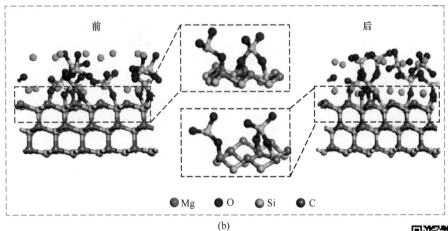

(b)

图 5-8　分子动力学模拟前后的界面图

(a) SiC(1 1 1)//Mg$_2$SiO$_4$(0 2 1)；(b) SiC(1 1 1)//Mg$_2$SiO$_4$(1 3 1)

彩图

表 5-7　SiC//Mg$_2$SiO$_4$ 的界面参数

界　面	键组成	键型	R /%	E_{bind} /(kcal·mol^{-1})	A /Å^2(1 Å=0.1 nm)	W_{ad} /(J·m^{-2})
SiC(1 1 1)//Mg$_2$SiO$_4$(0 2 1)	Si—O	I 型	2.3	4617.9	111.0	41.6
	Si—O、 C—O	Y 型	2.5			
SiC(1 1 1)//Mg$_2$SiO$_4$(1 3 1)	Si—O	I 型	3.6	12495.0	184.1	67.9
	Si—O、 C—O	Y 型	1.5			

5.1.3.3　石墨//Mg$_2$SiO$_4$ 界面分子动力学研究

图 5-9 为分子动力学模拟前后石墨//Mg$_2$SiO$_4$ 的界面图。在分子动力学模拟后，Mg$_2$SiO$_4$ 层的纵向长度减少，横向长度减少，总体积收缩，石墨层的纵向长度增加，横向长度减少，层片状曲度增加，总体积收缩。表 5-8 为石墨//Mg$_2$SiO$_4$ 界面参数，界面键为四棱锥形的 C—O 键，复杂键型可以提高界面的稳定性。两组界面的结合能均为正值，说明石墨//Mg$_2$SiO$_4$ 存在稳定键合界面，因此镁橄榄石与石墨稳定结合。石墨(0 0 1)//Mg$_2$SiO$_4$(1 3 1) 界面的黏附功比石墨(0 0 1)//Mg$_2$SiO$_4$(0 2 1) 大 44.3%，说明 Mg$_2$SiO$_4$(1 3 1) 晶面与石墨(0 0 1) 的结合更紧密。

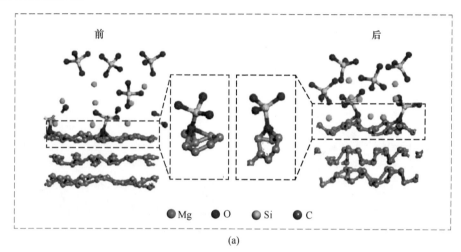

(a)

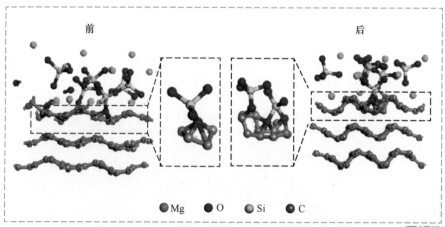

(b)

图 5-9　分子动力学模拟前后的界面图
(a) 石墨(0 0 1)//Mg$_2$SiO$_4$(0 2 1)；(b) 石墨(0 0 1)//Mg$_2$SiO$_4$(1 3 1)

彩图

表 5-8 石墨//Mg₂SiO₄ 的界面参数

界　面	键组成	键型	R /%	E_{bind} /(kcal·mol^{-1})	A /Å²(1 Å=0.1 nm)	W_{ad} /(J·m^{-2})
石墨(0 0 1)//Mg₂SiO₄(0 2 1)	C—O	四棱锥型	20.4	2561.9	58.8	43.6
石墨(0 0 1)//Mg₂SiO₄(1 3 1)	C—O	四棱锥型	22.5	4990.6	79.4	62.9

5.1.3.4 MgO-Mg₂SiO₄-SiC-C 耐火材料的界面模型

图 5-10（a）中的 HRTEM 照片显示，MgO 和 Mg₂SiO₄ 形成直接键合界面，其位相关系为 MgO(1 0 0)//Mg₂SiO₄(1 3 1)。图 5-10（b）中的 HRTEM 照片显示，SiC 与 Mg₂SiO₄、石墨与 Mg₂SiO₄ 形成直接键合界面，其位相关系为 SiC(1 1 1)//Mg₂SiO₄(1 3 1)、石墨(0 0 1)//Mg₂SiO₄(1 3 1)。HRTEM 照片中观察到的晶面位相关系与分子动力学模拟结果一致，说明分子动力学模拟能够准确预估复相材料的界面结合情况。图 5-11 为 MgO-Mg₂SiO₄-SiC-C 耐火材料各相间的界面模型示意图，SiC 和 Mg₂SiO₄ 都可以作为桥梁使镁碳间接结合，且 SiC 和 Mg₂SiO₄ 之间存在直接键合界面。在 MgO-Mg₂SiO₄-SiC-C 耐火材料中，原位合成的 Mg₂SiO₄ 分别与 MgO、SiC 和石墨以最高键合强度的方式结合，说明界面稳定且结合良好，可以有效强化复相材料。相比于 MgO-SiC-C 耐火材料中 SiC 形成的单链结合，MgO-Mg₂SiO₄-SiC-C 耐火材料的结合路径增加，形成网状结合，因此结合强度提升。

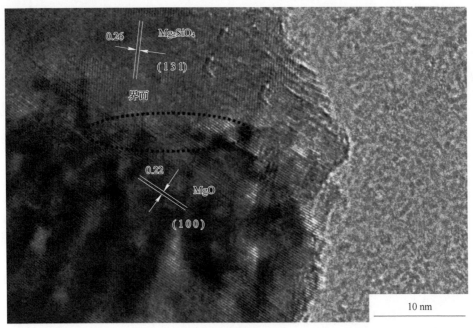

(a)

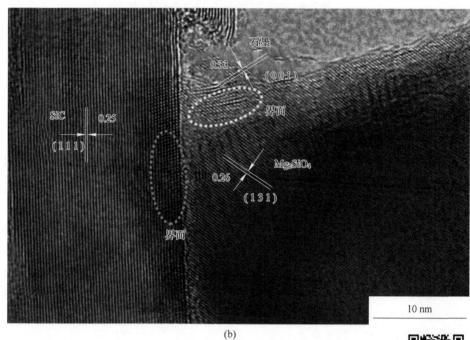

(b)

图 5-10 MgO-Mg$_2$SiO$_4$-SiC-C 耐火材料中界面的 HRTEM 照片

（a）MgO//Mg$_2$SiO$_4$；（b）SiC//Mg$_2$SiO$_4$和石墨//Mg$_2$SiO$_4$

彩图

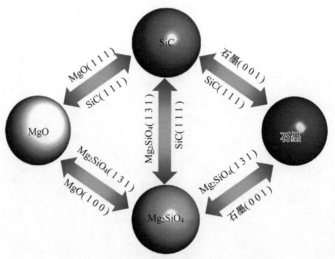

彩图

图 5-11 MgO-Mg$_2$SiO$_4$-SiC-C 耐火材料各相间的界面模型示意图

5.2 有限元研究 MgO-C-Ti$_3$AlC$_2$ 耐火材料的损毁机制

　　钢包冶炼生产过程中,高温钢水是处在流动状态,这就不可避免地会造成对钢包内衬的冲刷作用,从而造成镁碳砖破损。特别是在二次精炼过程中,如 RH 炉外精炼工艺造成钢包内高温与钢水的剧烈搅动,加速侵蚀炉衬。另外,炉衬强大的压力、辐射等因素,也会加快镁碳砖的破损。本节围绕着低碳耐火材料存在的热震稳定性差,基于传热学原理,采用有限元法的数学算法,进行了理论计算,并运用 ANSYS 软件结合 FLUENT 软件,建立了三维渣线砖损毁模型,并对渣线砖损毁进行了模拟计算。初步论证经过设计的低碳 MgO-Ti$_3$AlC$_2$-C 耐火材料相比于传统低碳镁碳耐火材料性能的优越性,为具体试验工作奠定基础,提供理论支撑。

　　长期以来钢包炉衬渣线位置的损毁一直是国内外钢铁企业关注的焦点问题,任何一次的修复都将给企业造成经济损失。高炉炉衬侵蚀的研究方法主要有数值模拟,直接测试和试验模型,钢包炉衬同样可借鉴。对于钢包这样的复杂高温系统,数值模拟研究无疑具备不可否认的优势,它可以指导钢包内衬用低碳渣线砖结构与成分的优化设计,提高使用寿命并预测钢包渣线部位的损毁情况。考虑到钢包炉内钢水的流动与传热,渣线层的损毁过程数值模拟研究可以分为两个方面:一方面是基于热力学理论,渣线砖内部的热量传导形成温差,温差的形成伴随着热应力的生成。另一方面是基于流体流动,熔渣可以通过气孔或者裂纹流入耐火材料内部,与其基质或颗粒发生化学反应,造成耐火材料的损毁。本节利用建立的镁碳砖三维模型,通过热固耦合与流体流动模块对镁碳砖的损毁进行分析。

5.2.1 热应力对低碳镁碳砖损毁影响的数值模拟

5.2.1.1 钢包内衬热应力的产生机理

　　造成钢包内衬结构性剥落的原因是多方面的。钢包烘包时的温度为 800 ~ 1000 ℃,转炉出钢温度大约在 1600 ℃ 以上,这会产生 800 ℃ 的温差。钢包常处于间歇式工作,工作中伴随着急冷急热从而材料内部产生热应力。内衬中颗粒间的膨胀系数失配,工作面及后部产生贯穿裂纹,脱碳层留下的大量孔隙,这些空间都会被熔渣渗透形成变质层,失去原有强度。低碳镁碳砖存在的主要问题就是由于加入石墨量的减少,温度在砖中的传递能力不足,工作面与永久衬存在较大温差,加剧砖内产生热应力,分析低碳镁碳砖的热应力必然先要明确其导热性能。

5.2.1.2 傅里叶定律

　　在单位时间内,通过单位面积所传导的热量与垂直于此截面方向上的温度变

化率的比值。即

$$\frac{\Phi}{A} \approx \frac{\partial t}{\partial x} \tag{5-11}$$

x 为垂直于截面 A 的坐标轴。引入比例常数可得

$$\Phi = -\lambda A \frac{\partial t}{\partial x} \tag{5-12}$$

此为傅里叶导热定律的数学表达式。

式中 A——热流通过物体的表面积；

λ——导热系数；

∂t——温度差；

∂x——距离；

Φ——单位时间内通过面积 A 的导热量。

5.2.1.3 导热系数

导热系数是指材料直接传导热量的能力。定义式由傅里叶定律的数学表达式给出。即

$$\lambda = -\frac{q}{\frac{\partial t}{\partial x} \cdot n} \tag{5-13}$$

数值上，等于物体内热流密度矢量在单位温度梯度作用下的模。

5.2.1.4 热能传输的基本方式

热能的传递有三种基本方式：热传导、热对流与热辐射。物体各部分之间不发生相对位移时，依靠分子、原子及自由电子等微观粒子的热运动而产生的热能传递称为热传导。镁碳砖内部热量从温度较高的部分传递到温度较低的部分就是符合热传导现象。导热微分方程式（直角坐标系）为：

$$\rho c \frac{\partial t}{\partial \tau} = \lambda \frac{\partial^2 t}{\partial x^2} + \lambda \frac{\partial^2 t}{\partial x \partial y} + \lambda \frac{\partial^2 t}{\partial z^2} + g(x, y, z, \tau) + q \tag{5-14}$$

式中 t——温度；

ρ——流体密度；

$g(x, y, z, \tau)$——流体的扩散形式；

τ——时间；

c——比热容；

q——热源。

5.2.1.5 能量守恒方程

能量守恒原理可以用热力学第一定律作为一种表达方式，即在同一个热力学系统，能量是可以转换的，即可从一种形式转化或者转递为另一种形式，但不能自主产生或消失。一切物体都具备相应的能量，能量有多种形式，它能在形式上

转化，在物体间传递，在转化和传递过程中能量的总量是永远不变的。

$$E_1 = E_2 \qquad (5-15)$$

式中　E_1——进入系统的能量和系统本身释放的能量之和；

　　　E_2——离开系统的能量和系统本身贮存的能量之和。

5.2.1.6　有限单元法

在探究钢包因为剥落导致损毁时，通过对现场已经损毁的砖进行测试收集数据，建立方程组求解过程太过烦琐，而且边界条件很难确定，所以得到的结果不够精确。本节利用有限单元法对建立的代数方程组进行求解，计算出不同数据组的温度场与应力场进行对比，证明低碳 MgO-Ti₃AlC₂-C 耐火材料在传递热能与减缓热应力产生从而增强低碳镁碳耐火材料的热震稳定性与抗热剥落能力。

有限单元法是用来求连续振动系统近似解的方法，其基本思想是将一个均匀且连续的体看成由若干个独立单元在各个节点首尾连接的组合体，用一个有限自由度的离散系统去解决一个无限自由度的连续体。

其步骤包括如下。

（1）区域单元剖分。

根据求解区域的实际形状与体量等物理情况，将整体区域划分为若干相互连接、不重叠的单元或网格。网格划分的详细程度、节点的数量都与计算结果相关。

（2）单元分析。

将各个单元中的求解函数用单元基函数的线性组合表达式进行逼近，再将近似函数代入积分方程，并对单元区域进行积分，可获得含有待定系数（单元中各节点的参数值）的代数方程组，称为单元有限元方程。

（3）解有限元方程。

根据边界条件来修正总体的有限元方程组，是把所有待计算未知量的封闭方程组，选取接近最佳值的数值计算方法求解，可求得无比接近各节点的函数值。

（4）设置边界条件。

虽然钢包罐内的高温钢水温度能够达到 1600 ℃，并且钢包最内侧的镁碳质耐火材料与高温钢水直接接触。但是，目前关于 Ti₃AlC₂ 的高温导热性能的研究还并不完善，得出 Ti₃AlC₂ 在 1200 ℃时稳定存在并可测定的热导系数准确数据为 348.4 W/(m·K)。设置最内层的边界初始温度为 1200 ℃。

5.2.1.7　条件假设

（1）由于钢包内衬的损毁过程是缓慢的，故而把镁碳砖的传热过程看作稳态的，且无内热源。

（2）镁碳砖内部混料均匀并且砖内各个部分的传热系数相同。

（3）钢包内衬除工作面与尾部存在温差，其余各个方向之间接触到的部位不存在温差，无热量传导，故而把镁碳砖上下左右 4 个壁面看作绝热面，传热过程近似看作二维的。

5.2.1.8 建立数学模型

选取某钢包用镁碳砖，砖的几何模型如图 5-12 所示（A、B、C 分别为 100 mm、200 mm、60 mm）砖内的传热用三维的轴对称传热方程［式（5-14）］进行描述。由于砖内无热源，且传热过程假设为稳态，对式（5-14）化简为：

$$\lambda \frac{\partial^2 t}{\partial x^2} + \lambda \frac{\partial^2 t}{\partial x \partial y} + \lambda \frac{\partial^2 t}{\partial z^2} = 0 \tag{5-16}$$

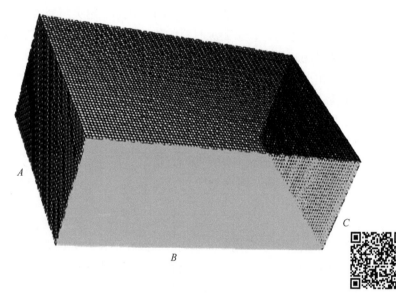

图 5-12 钢包镁碳砖几何模型

彩图

5.2.1.9 求解

方莹等人根据表 5-9 镁碳砖配方，测出 1 号样品的热导率为 13 W/(m·K)。对其余引入不同含量 Ti_3AlC_2 的待模拟的试样的导热系数利用含量所占百分比进行加权计算见表 5-9。工作面温度设置为 1200 ℃。设定求解控制参数，按 solve/controls/solution 设置离散类型，在 equations 中选择 energy 方程，在 pressure-velocity coupling 中选择 simple 模式，其余保持默认。所有的命令都在 Solve/Monitors 命令下面监视，将所有参数的收敛标准设置为 10^{-3}，计算迭代 500 次。

表 5-9 镁碳砖配方（质量分数）   （%）

原 料	MC	MC-2AC	MC-4AC	MC-6AC
镁砂	92	90.2	88.3	86.5

原　料	MC	MC-2AC	MC-4AC	MC-6AC
石墨	8	7.8	7.7	7.5
Ti_3AlC_2	—	2	4	6
树脂（外加）	4	4	4	4
导热系数/$[W \cdot (m \cdot K)^{-1}]$	13	19.7	26.4	33.1

5.2.2　渣线砖温度分布

　　渣线砖的导热系数直接影响其内部热应力强度，对渣线砖的成分取三种情况，编号分别为 MC、MC-2AC、MC-4AC、MC-6AC，其导热系数分别对应为 13 W/(m·K)、19.7 W/(m·K)、26.4 W/(m·K)、33.1 W/(m·K)，见表 5-9。图 5-13 表示的是 4 组样品三维非稳态导热的瞬时温度分布。其中红色块（见二维码彩图）温度区域表示设计的边界温度 1200 ℃，蓝色块（见二维码彩图）温度区域表示导热系数不同的样品经过传递热量后形成不同镁碳砖尾部温度。

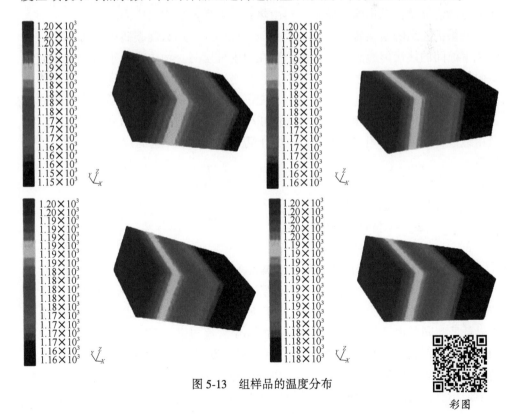

图 5-13　组样品的温度分布

彩图

从温度云场图可以看出，MC 试样的温差为 50 ℃（1150～1200 ℃）、MC-2AC 试样的温差为 38 ℃（1132～1200 ℃）、MC-4AC 试样的温差为 32 ℃（1138～1200 ℃）、MC-6AC 试样的温差为 20 ℃（1180～1200 ℃），从四者的温度分布看，因为模拟结果是单位时间下（Δt）产生的温度梯度，虽然它们温差相差不大，但是在实际工况下，钢包服役是处于长时间，多频次伴随着极端温度变化。导热系数差异所带来的温差影响远大于模拟计算出来的单次瞬时结果。导热系数较小的镁碳砖，高温热量留在了砖内，导热系数较大的 MC-6AC，热量能很大程度地传递出去。在传热学的方面来看，导热系数小，温度传递速度慢，温度梯度就会加大，热应力产生的程度或未来发育的可能性加大。低碳 $MgO-Ti_3AlC_2-C$ 耐火材料中由于具备金属导热性能优异的 Ti_3AlC_2 的加入，使得设计的低碳镁碳耐火材料具备常规镁碳耐火材料的性能。

5.2.3　渣线砖热应力分布

温度改变时，定形耐火材料由于外在砖体的束缚以及内部各部分之间的相互挤压，使其不能完全发生形变而产生的力，又称热应力。求解热应力，要求出温度场和应力场。热应力的求解步骤：由傅里叶定律（热传导方程）和实际工况条件下的边界条件求出温度分布；再由热弹性力学方程求出应力。

如果把三维的镁碳砖看作若干个平面叠加起来，那么镁碳砖中的传热就可以看成平面间的热量传递。当物体内部存在温度梯度时，物体将由于冷热变化而产生收缩与膨胀线应变。在平面问题中，它是坐标 x、y 及时间 t 的函数。如果物体各部分的热变形不受任何约束，则虽有变形却不会引起应力。但是，如果物体各部分的温度不均匀，或表面与其他物体相联系，即受到一定的约束，热变形不能自由地进行，就将产生应力，这种由于温度变化而引起的应力称为热应力，如下：

$$\{\varepsilon_0\} = \alpha \cdot T[1, 1, 0]^T \tag{5-17}$$

式中　　$\{\varepsilon_0\}$——由于温度变化引起的变形；

　　　　α——材料的线膨胀系数；

　　　　T——温度的变化。

基于软件 fluent 计算出的结果代入 Workbench 中的 Steady-State Thermal 模块，计算得出四组样品的温度分布。再把计算结果代入 Static Structural 模块中，计算得出四组样品的热应力数据，如图 5-14 所示，热应力主要形成在砖角处，是强度最低处，同样也是热剥落最容易发生的部位，这与钢包下线后钢包砖实际残留的"馒头状"是相符的。根据计算的结果不难发现，热导系数直接影响热应力的强度，导热系数高的样品 MC-6AC 内部的热应力约为 1.15×10^6 Pa，为 4 组样品中最小值，虽然对于瞬时的影响效果不大，但是钢包砖因为热剥落而损毁这一过程是由于热应力逐步累积形成，不是由单次偶然发生的。Ti$_3$AlC$_2$ 的加入有利于低碳镁碳耐火材料的抗热震性能，数值模拟结果为探究 Ti$_3$AlC$_2$ 影响低碳镁质含碳耐火材料热学性能起到指导意义。

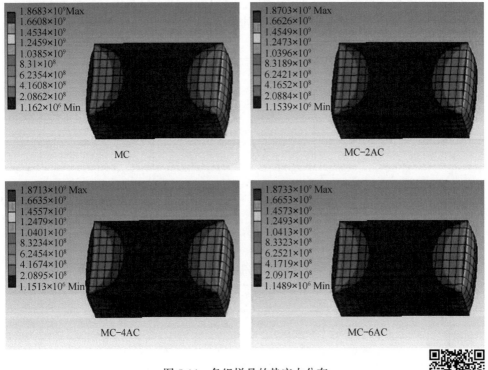

图 5-14 各组样品的热应力分布

彩图

5.3 MgO-C-Ti$_3$AlC$_2$ 耐火材料的热化学模拟

为了更加准确直观地预测熔渣对低碳 MgO-C-Ti$_3$AlC$_2$ 耐火材料的侵蚀情况，采用 FactSage 热力学软件对熔渣侵蚀低碳 MgO-C-Ti$_3$AlC$_2$ 耐火材料过程进行模拟预测，模拟计算使用 FactSage 热力学软件的 Equilib 模块，选择 FToxid 与 FactPS 数据库，对在 1500 ℃、1550 ℃、1600 ℃下熔渣与低碳 MgO-C-Ti$_3$AlC$_2$ 耐火材料反应的物相组成进行模拟研究，以期对试验结果和理论研究有所支撑。

图 5-15 为熔渣与耐火材料相互作用模型，左侧为耐火材料（Refractory），右侧为炉渣（Slag），<A>（Alpha）为反应程度，范围为 0 到 1，<A>=(S)/(R)+(S)，且 (R)+(S)=1，温度设定为 1500 ℃、1550 ℃、1600 ℃，本节的熔渣分为低碱度与高碱度，化学组成见表 5-10，耐火材料则为低碳 MgO-C-Ti$_3$AlC$_2$ 材料。该模型通过熔渣和耐火材料质量比来表征熔渣的渗透过程。熔渣从界面向试

样内部线性变化表征了耐火材料被熔渣侵蚀后的反应层的物相组成。为计算简单化，假定熔渣组分在渗透过程中不发生改变，且所有组元渗透速率一致。另外，由于熔渣与耐火材料的基质部分更加容易反应，因此，本模型尚不考虑熔渣对耐火材料颗粒的侵蚀过程。表 5-11 为低碳 $MgO-C-Ti_3AlC_2$ 材料去除镁砂颗粒料后，剩余的粉料按照相应比例重新计算得出的成分。

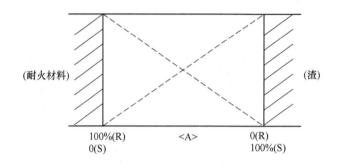

图 5-15　熔渣与耐火材料相互作用模型

表 5-10　试验用熔渣化学组成

渣	化学组成（质量分数）/%								
高碱度	CaO	SiO$_2$	Fe$_2$O$_3$	MgO	K$_2$O	Al$_2$O$_3$	MnO	Na$_2$O	R
	35.68	16.62	10.90	10.42	0.05	21.28	3.18	3.76	2.30
低碱度	CaO	SiO$_2$	Fe$_2$O$_3$	MgO	Cr$_2$O$_3$	Al$_2$O$_3$	MnO	SO$_3$	R
	21.92	23.49	11.41	2.21	34.83	1.34	2.66	0.44	0.93

表 5-11　镁碳砖配方（质量分数）　　　　　　　（%）

原　料	MC-5AC	MC-10AC	MC-15AC
镁砂（74 μm）	80	80	80
石墨（74 μm）	15	10	5
Ti$_3$AlC$_2$（74 μm）	5	10	15

5.3.1　碱性渣与低碳 $MgO-C-Ti_3AlC_2$ 耐火材料的反应模拟

本节使用 FactSage 热力学软件对碱性渣与 Ti_3AlC_2 含量（质量分数）为 5%、10%、15% 的低碳镁碳材料基质部分在不同反应速率配比下的物相组成进行了模拟计算，渣与耐火材料均设置为 100 g。图 5-16～图 5-18 为 1600 ℃下的界面反应物相模拟。

5.3.1.1　1600 ℃下碱性渣与不同含量 Ti$_3$AlC$_2$ 的低碳镁碳材料反应模拟

图 5-16 中（a）碱性渣与 Ti$_3$AlC$_2$ 含量（质量分数）15% 的低碳镁碳耐火材料经 1600 ℃下反应的物相组成模拟。从图中可以看出该体系下熔渣与耐火材料反应过程中存在的物相为硅酸盐相 C$_2$SA、MgO、液相渣 SLAGA。渣中的 CaO 与 SiO$_2$ 反应生成硅酸盐相 Ca$_2$SiO$_4$，为 C$_2$SA 主要成分，当 <A> = 20% 时会有 C$_2$SA 生成，同时也是液态熔渣最大生产量（17.32 g），当 <A> 逐渐增大时 C$_2$SA 生成量也相应增加，最大生成量为 68.217 g，在此过程中随着硅酸盐的生成，液态熔渣的量也逐渐减少。

图 5-16 中（b）为碱性渣与 Ti$_3$AlC$_2$ 含量（质量分数）10% 的低碳镁碳耐火材料经 1600 ℃下反应的物相组成模拟。从图中可以看出该体系下熔渣与耐火材料反应过程中存在的物相为硅酸盐相 C$_2$SA、MgO、液相渣 SLAGA。与图 5-16 对

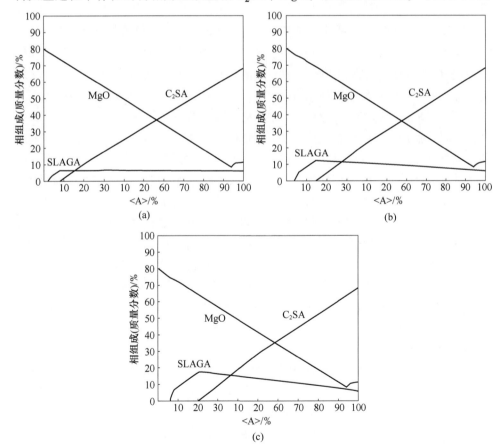

图 5-16　碱性渣与含 Ti$_3$AlC$_2$ 的低碳镁碳耐火材料在 1600 ℃反应界面物相组成

比可知，当<A>＝6%时，液相熔渣才会出现，当<A>＝16%时达到最大值 12.285 g，由此可知，随着 Ti_3AlC_2 含量增加，熔渣的生成量也随之减少，意味着渣中 CaO 含量会因为 Ti_3AlC_2 加入量的增加而降低。此时也是硅酸盐相 C_2SA 出现点，在<A>＝1 时，最大生成量为 68.217 g 与图 5-16 一致，说明 Ti_3AlC_2 中的 Al^{3+} 不会进入熔渣内形成 C_2SA，通过对两图对比分析可知，Ti_3AlC_2 有助于减缓液相熔渣对耐火材料的渗透。

图 5-16 中（c）为碱性渣与 Ti_3AlC_2 含量（质量分数）5%的低碳镁碳耐火材料经 1600 ℃下反应的物相组成模拟。从图中可以看出该体系下熔渣与耐火材料反应过程中存在的物相为硅酸盐相 C_2SA、耐火材料中的 MgO、液相渣 SLAGA#1。液相熔渣在<A>＝8%时生成量达到最大，为 6.59 g。aC_2SA 的最大生成量与图 5-16 和图 5-17 一致，为 68.217 g，在<A>＝8%时出现，熔渣的生成量进一步减少。

对比在 1600 ℃时，三组不同组分与碱性渣反应界面的物相组成可知，随着耐火材料中 Ti_3AlC_2 含量逐步增多，液态熔渣的生产量不断减少，侵蚀程度逐渐减弱。

5.3.1.2   1550 ℃下碱性渣与不同含量 Ti_3AlC_2 的低碳镁碳材料反应模拟

图 5-17（a）为碱性渣与 Ti_3AlC_2 含量（质量分数）15%的低碳镁碳耐火材料经 1550 ℃下反应的物相组成模拟。从图中可以看出该体系下熔渣与耐火材料反应过程中存在的物相为硅酸盐相 C_2SA、MgO、液相渣 SLAGA。渣中的 CaO 与 SiO_2 反应生成硅酸盐相 Ca_2SiO_4，为 C_2SA 主要成分，当<A>＝19%时会有 C_2SA 生成，同时也是液态熔渣最大生产量（15.88 g），当<A>逐渐增大时 aC_2SA 生成量也相应增加，最大生成量为 68.88 g，在此过程中随着硅酸盐的生成，液态熔渣的量也逐渐减少。随着反应速率<A>的逐渐增大，MgO 减少，C_2SA 逐渐生成。

图 5-17（b）为碱性渣与 Ti_3AlC_2 含量（质量分数）10%的低碳镁碳耐火材料经 1550 ℃下反应的物相组成模拟。从图中可以看出该体系下熔渣与耐火材料反应过程中存在的物相为硅酸盐相 C_2SA、MgO、液相渣。反应过程大致相同，当<A>＝14%时会有 C_2SA 生成，同时也是液态熔渣最大生产量（11.24 g），当<A>逐渐增大时 C_2SA 生成量也相应增加，最大生成量为 68.88 g，与图 5-16 一致，说明 Ti_3AlC_2 的增加对硅酸盐相的生成没有影响。在此过程中随着硅酸盐的生成，液态熔渣的量也逐渐减少。随着反应速率<A>的逐渐增大，MgO 减少，C_2SA 逐渐生成。

图 5-17（c）为碱性渣与 Ti_3AlC_2 含量（质量分数）5%的低碳镁碳耐火材料经 1550 ℃下反应的物相组成模拟。从图中可以看出该体系下熔渣与耐火材料反应过程中存在的物相为硅酸盐相 C_2SA、MgO、液相渣 SLAGA。反应过程大致相同，当<A>＝8%时会有 C_2SA 生成，同时也是液态熔渣最大生产量（5.95 g），当<A>逐渐增大时 C_2SA 析出量也相应增加，最大生成量同样为 68.88 g。在此过程

中随着硅酸盐的生成，液态熔渣的量也逐渐减少。随着反应速率<A>的逐渐增大，MgO 减少，C₂SA 逐渐生成。在 1550 ℃条件下，耐火材料抗碱性渣侵蚀的能力也会随着 Ti₃AlC₂ 含量的增加而提高。

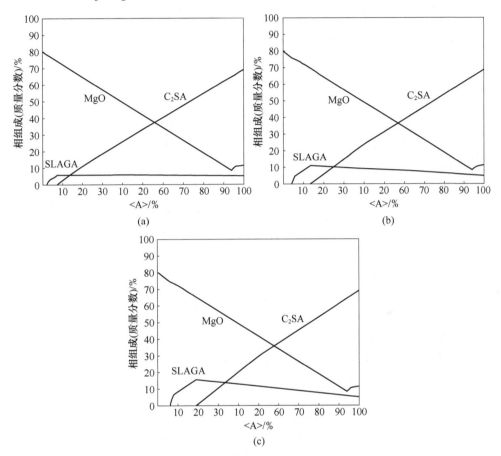

图 5-17　碱性渣与含 Ti₃AlC₂ 的低碳镁碳耐火材料 1550 ℃反应界面物相组成

5.3.1.3　1500 ℃下碱性渣与不同含量 Ti₃AlC₂ 的低碳镁碳材料反应模拟

图 5-18 （a）~（c） 分别为碱性渣与 Ti₃AlC₂ 含量（质量分数）15%、10%、5%的低碳镁碳耐火材料经 1500 ℃下反应的物相组成模拟。从图中可以看出该体系下与耐火材料反应过程中存在的物相为硅酸盐相 C₂SA、MgO、液相渣 SLAGA。从计算结果可以分析得出反应进程与 1550 ℃、1600 ℃时相似，随着反应温度的降低，侵蚀反应程度也相应减弱；随着耐火材料中 Ti₃AlC₂ 含量的增多，耐火材料抗碱性渣侵蚀能力也相应增强。

通过分析不同温度（1500 ℃、1550 ℃、1600 ℃）下三种相图的反应阶段物相组成与含量的变化，可以看出 Ti₃AlC₂ 加入量的增加，模拟中硅酸盐相 C₂SA

生成量无变化，说明硅酸盐相出于渣中，但是随着 Ti_3AlC_2 加入量的增加，渣中生成硅酸盐相 C_2SA 的<A>增大，说明渣/耐的界面反应速率降低，分析原因可能为 Ti_3AlC_2 加入量的增多导致渣/耐界面处形成黏度与厚度更大、碱度更低的液态隔离层从而减缓渣的侵蚀。液相熔渣的生产量表明 Ti_3AlC_2 也可以延缓渣与耐火材料发生界面反应程度见表 5-12。

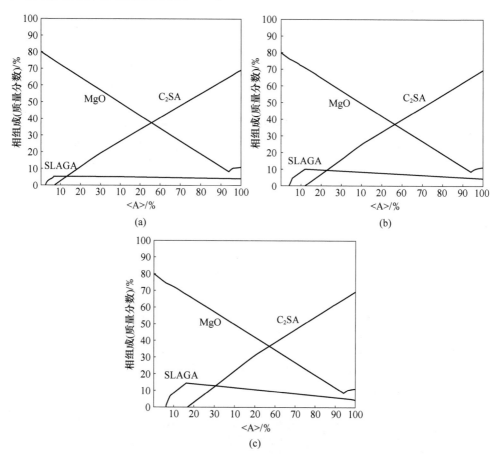

图 5-18   碱性渣与含 Ti_3AlC_2 的低碳镁碳耐火材料 1500 ℃反应界面物相组成

表 5-12   反应平衡时熔渣的最大生成量

试样编号	温度/℃	熔渣的最大生成量（质量分数)/%
MC-5AC	1600	17.32
	1550	15.88
	1500	14.25

试样编号	温度/℃	熔渣的最大生成量（质量分数）/%
MC-10AC	1600	12.29
	1550	11.24
	1500	10.05
MC-15AC	1600	6.59
	1550	5.95
	1500	5.32

5.3.2 酸性渣与低碳 MgO-C-Ti$_3$AlC$_2$ 耐火材料的反应模拟

5.3.2.1 1600 ℃下酸性渣与不同含量 Ti$_3$AlC$_2$ 的低碳镁碳材料反应模拟

图 5-19（a）为酸性渣与 Ti$_3$AlC$_2$ 含量（质量分数）5%的低碳镁碳耐火材料经 1600 ℃下反应的物相组成模拟。从图中可以看出该体系下熔渣与耐火材料反应过程中存在的物相为尖晶石相 SPINA、MgO、液相渣 SLAGA。当<A>=0.30 时，尖晶石相出现，通过分析 MgO 下降的趋势，在<A>=0.30 时，MgO的下降趋势明显加剧，而渣中 Cr$_2$O$_3$ 含量最高，故而分析尖晶石为 MgCr$_2$O$_4$，最大生成量为 43.66 g。在 1600 ℃下，当低碳耐火材料与酸性渣接触时，液相熔渣立刻形成，当<A>=0.24 至 0.79 时，液相熔渣逐步增加，最大生成量为 55.25 g。在<A>=0.79 之后，由于 MgCr$_2$O$_4$ 增加，液相熔渣会有明显降低。

图 5-19（b）为酸性渣与 Ti$_3$AlC$_2$ 含量（质量分数）10%的低碳镁碳耐火材料经 1600 ℃下反应的物相组成模拟。从图中可以看出该体系下熔渣与耐火材料反应过程中存在的物相为尖晶石相 SPINA、MgO、液相渣 SLAGA。当<A>=0.38时，镁铬尖晶石出现。液相熔渣在<A>=0.04 出现，当<A>=0.35 至 0.79 时，液相熔渣形成稳态增加趋势，最大生成量为 56.95 g。由于 Ti$_3$AlC$_2$ 加入量的提高，相比于图 5-19（a），镁铬尖晶石的出现点后移，反应速率明显减弱，液态熔渣的增加速率与含量明显降低。

图 5-19（c）为酸性渣与 Ti$_3$AlC$_2$ 含量（质量分数）15%的低碳镁碳耐火材料经 1600 ℃下反应的物相组成模拟。从图中可以看出该体系下熔渣与耐火材料反应过程中存在的物相为尖晶石相 SPINA、MgO、液相渣 SLAGA。当<A>=46%时，镁铬尖晶石出现。液相熔渣在<A>=6%出现，当<A>=43%至 77%时，液相熔渣形成稳态增加趋势，最大生成量为 56.40 g。由于 Ti$_3$AlC$_2$ 加入量的提高，相

比于图 5-19（a）与图 5-19（b），镁铬尖晶石的出现点依然后移，表示 MgO 含量的曲线的斜率明显变大，反应速率再次减弱，液态熔渣的增加速率与含量明显降低。

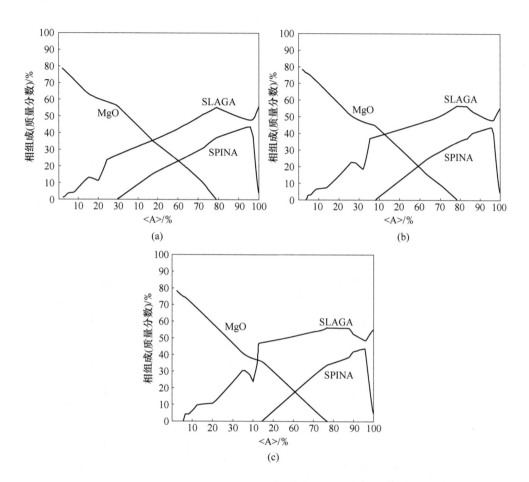

(a)

(b)

(c)

图 5-19　酸性渣与含 Ti$_3$AlC$_2$ 的低碳镁碳耐火材料 1600 ℃反应界面物相组成

5.3.2.2　1550 ℃下酸性渣与不同含量 Ti$_3$AlC$_2$ 的低碳镁碳材料反应模拟

图 5-20（a）~（c）分别为酸性渣与 Ti$_3$AlC$_2$ 含量（质量分数）为 5%、10%、15%的低碳镁碳耐火材料经 1550 ℃下反应的物相组成模拟。从三组图中可以看出该体系下熔渣与耐火材料反应过程中存在的物相为尖晶石相 SPINA、MgO、液相渣 SLAGA。从模拟结果中的尖晶石相 SPINA、MgO 的曲线可以分析得出，随着耐火材料中 Ti$_3$AlC$_2$ 含量增多，MgO 曲线斜率增大，表明 MgO 减少的趋势减缓，侵蚀效果降低。

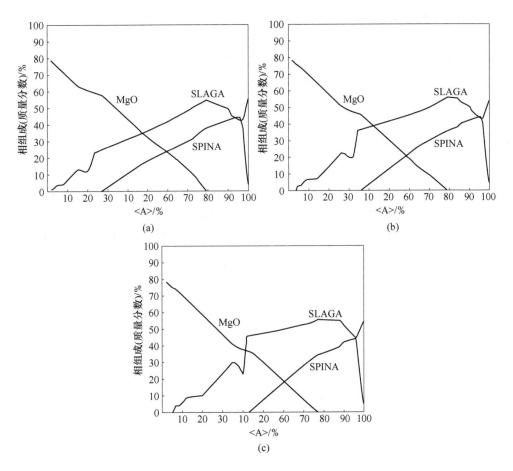

图 5-20　酸性渣与含 6Ti$_3$AlC$_2$ 的低碳镁碳耐火材料 1550 ℃反应界面物相组成

5.3.2.3　1500 ℃下酸性渣与不同含量 Ti$_3$AlC$_2$ 的低碳镁碳材料反应模拟

图 5-21 （a） 为酸性渣与 Ti$_3$AlC$_2$ 含量（质量分数）5%的低碳镁碳耐火材料经 1500 ℃下反应的物相组成模拟。从图中可以看出该体系下熔渣与耐火材料反应过程中存在的物相为尖晶石相 SPINA、MgO、液相渣 SLAGA。当<A> = 0.26 时，镁铬尖晶石出现，在<A> = 0.96 时，达到最大值 44.83 g。液相熔渣在<A> = 0.02 出现，当<A> = 0.23 至 0.80 时，液相熔渣形成稳态增加趋势，最大生成量为 53.94 g。耐火材料与渣的整体反应过程的物相组成与 1550 ℃时相似，但是反应速率有所加快。

图 5-21 （b） 为酸性渣与 Ti$_3$AlC$_2$ 含量（质量分数）10%的低碳镁碳耐火材料经 1500 ℃下反应的物相组成模拟。从图中可以看出该体系下熔渣与耐火材料反应过程中存在的物相为尖晶石相 SPINA、MgO、液相渣 SLAGA。当<A> = 0.34

时，镁铬尖晶石出现，在 <A> = 0.96 时，达到最大值 44.79 g。液相熔渣在 <A> = 0.04 出现，当 <A> = 0.335 至 0.79 时，液相熔渣形成稳态增加趋势，最大生成量为 55.54 g。相比于图 5-21 （a），镁铬尖晶石的出现点后移，反应速率明显减弱，液态熔渣处于稳态增加阶段的起始速率增加，表明随着 Ti_3AlC_2 含量增加，渣/耐反应速率降低，但是液态熔渣最大含量增加。

图 5-21 （c）为酸性渣与 Ti_3AlC_2 含量（质量分数）15% 的低碳镁碳耐火材料经 1500 ℃下反应的物相组成模拟。从图中可以看出该体系下熔渣与耐火材料反应过程中存在的物相为尖晶石相 SPINA、MgO、液相渣 SLAGA。当 <A> = 0.42 时，镁铬尖晶石出现，在 <A> = 0.96 时，达到最大值 44.79 g。液相熔渣在 <A> = 0.04 出现，当 <A> = 0.42 至 0.795 时，液相熔渣形成稳态增加趋势，最大生成量为 55.54 g。相比于图 5-21 （a）与（b），耐火材料与渣的整体反应过程的物相组成相似。

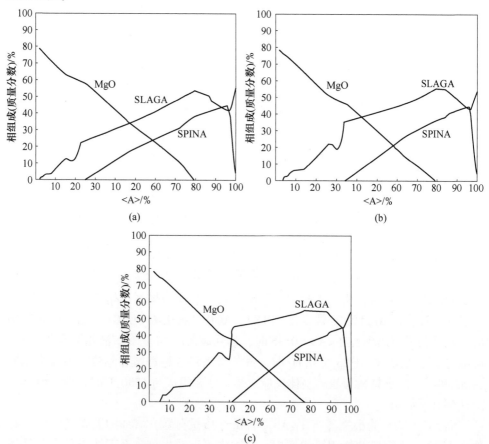

图 5-21　酸性渣与含 Ti_3AlC_2 的低碳镁碳耐火材料 1500 ℃反应界面物相组成

通过分析不同温度（1500 ℃、1550 ℃、1600 ℃）下三种相图的反应阶段物相组成与含量的变化，可以看出 Ti$_3$AlC$_2$ 加入量的增加，<A>在小于 0.96 时生成 MgCr$_2$O$_4$ 的反应速率随之减少，液态熔渣处于稳态增加阶段的起始点后移，整个反应过程的生成量减少见表 5-13。酸性渣对于耐火材料的侵蚀方式是多样的，即存在物理渗透与化学腐蚀，通过对同一温度下三组相图的对比分析，随着 Ti$_3$AlC$_2$ 加入量的增加，渣对耐火材料中 MgO 的化学侵蚀速率是减弱的。

表 5-13 渣/耐火材料界面反应生成物产生时的反应速率

试样编号	温度/℃	生成物产生时的反应速率<A>/%	
		液相渣	MgCr$_2$O$_4$
MC-5AC	1600	24	30
	1550	24	28
	1500	23	26
MC-10AC	1600	35	38
	1550	34	36
	1500	34	34
MC-15AC	1600	43	46
	1550	42	44
	1500	42	42

5.3.3 热力学分析

通过软件对低碳 MgO-C-Ti$_3$AlC$_2$ 耐火材料与两种不同的炉渣发生的界面反应研究得出碱性渣与耐火材料主要生成硅酸盐相，侵蚀方式以渗透为主；酸性渣与耐火材料主要生成除硅酸盐相以外还有尖晶石相，故而侵蚀方式不仅有熔渣的渗透还伴随着化学侵蚀。根据模拟结果得出可能生成矿物相主要为 MgCr$_2$O$_4$、MgAl$_2$O$_4$、MgFe$_2$O$_4$、MgTiO$_3$；硅酸盐相主要为 Ca$_2$SiO$_4$、Ca$_2$Al$_2$SiO$_7$、Mg$_2$SiO$_4$；少量的 CaAl$_2$O$_4$。

在界面反应过程中主要发生如下化学反应，通过 HSC 热力学软件查询各反应式在 500 ℃至 1700 ℃的吉布斯自由能数据，整理出吉布斯自由能变化-温度函数，如图 5-22 所示。

$$MgO(s) + Al_2O_3(s) =\!=\!= MgAl_2O_4(s) \qquad (5\text{-}18)$$

$$MgO(s) + Cr_2O_3(s) =\!=\!= MgCr_2O_4(s) \qquad (5\text{-}19)$$

$$2MgO(s) + SiO_2(s) \Longrightarrow Mg_2SiO_4(s) \tag{5-20}$$

$$MgO(s) + Fe_2O_3(s) \Longrightarrow MgFe_2O_4(s) \tag{5-21}$$

$$CaO(s) + Al_2O_3(s) \Longrightarrow CaAl_2O_4(s) \tag{5-22}$$

$$2CaO(s) + SiO_2(s) \Longrightarrow Ca_2SiO_4(s) \tag{5-23}$$

$$2CaO(s) + SiO_2(s) + Al_2O_3 \Longrightarrow Ca_2Al_2SiO_7(s) \tag{5-24}$$

$$MgO(s) + TiO_2(s) \Longrightarrow MgTiO_3(s) \tag{5-25}$$

从图 5-22 中可以看出除式（5-21）外，在 1500 ℃、1550 ℃ 和 1600 ℃ 三个试验温度其余反应式在理论上均可自发进行。反应式（5-21）在 1600 ℃ 时的 $\Delta G^{\ominus}$ 接近 0，反应很难向右进行，无 $MgFe_2O_4$ 生成。其余各反应式的反应程度不尽相同，如式（5-20）所示，随着温度的升高，$\Delta G^{\ominus}$ 逐渐增大，向右反应受到抑制并且反应程度逐渐降低，生成量很少。而反应式（5-18）与式（5-22）随着温度的升高，$\Delta G^{\ominus}$ 逐渐降低，加剧向右反应的进行，这就是两种渣中 Al_2O_3 含量很少，但仍然可以看到有 $MgAl_2O_4$ 和 $CaAl_2O_4$ 生成的原因，说明利用 Ti_3AlC_2 作为碳源可以减低渣中的 Ca^{2+} 浓度进而调节渣的碱度，减缓熔渣侵蚀耐火材料的速度。反应式（5-19）的 $\Delta G^{\ominus}$ 变化趋势相对平稳，反应会自发进行，渣中的含量高，在耐火材料与酸性渣的反应产物中的尖晶石相主要为 $MgCr_2O_4$。反应式（5-23）与式（5-24）的 $\Delta G^{\ominus}$ 总是最低，并且随温度的升高，$\Delta G^{\ominus}$ 逐渐降低，所以在耐火材料与碱性渣的反应中，无论 Al_2O_3 的含量多少，都会有 Ca_2SiO_4、$Ca_2Al_2SiO_7$ 生成。根据软件 HSC 所提供的热力学数据与软件 Factsage 模拟所得数据相吻合，说明模拟数据可以用作试验前的参考并指导工作。

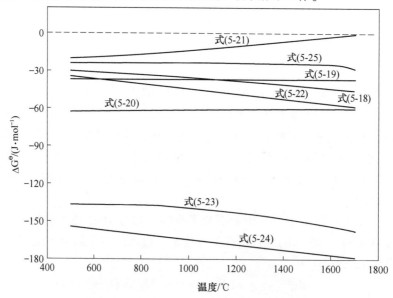

图 5-22　反应产物吉布斯自由能变化-温度函数

参 考 文 献

[1] 祁欣.LF 钢包渣线用 MgO(-Mg$_2$SiO$_4$)-SiC-C 耐火材料的应用基础研究 [D]. 鞍山：辽宁科技大学，2023.

[2] 祁欣，刘德嵩，罗旭东，等.分子动力学在耐火材料研究中的应用进展 [J]. 辽宁科技学院学报，2023，25（4）：19-21，101.

[3] 祁欣，罗旭东，李振，等.高硅菱镁矿的选矿提纯与应用研究进展 [J]. 硅酸盐通报，2021，40（2）：485-492.

[4] 白雪婷，祁欣，郭明月，等.LF 钢包用耐火材料的研究进展 [J]. 辽宁科技学院学报，2024，26（1）：14-17.

[5] 王少阳，祁欣，罗旭东，等.白云石的应用进展 [J]. 耐火材料，2022，56（1）：88-92.

[6] 王少阳，祁欣，罗旭东，等.熔盐种类对熔盐法合成镁橄榄石的影响 [J]. 耐火材料，2022，56（3）：185-188.

[7] Qi X, Luo X, Zhang L. Preparation, properties, and interfacial bonding mechanism of MgO-Mg$_2$SiO$_4$-SiC-C refractories [J]. Ceramics International, 2023, 49 (22): 35623-35631.

[8] Qi X, Luo X, Zhang L, et al. In situ synthesis and interfacial bonding mechanism of SiC in MgO-SiC-C refractories [J]. International Journal of Applied Ceramic Technology, 2022, 19 (5): 2723-2733.

[9] Qi X, Qi D, Luo X, et al. Fabrication and thermal shock behavior of periclase-forsterite aggregates with micro-nanometer dual-pore-size structures [J]. Ceramics International, 2023, 49 (2): 1811-1819.

[10] Qi X, Zhang L, Luo X, et al. Slag resistance mechanism of MgO-Mg$_2$SiO$_4$-SiC-C refractories containing porous multiphase aggregates [J]. Ceramics International, 2023, 49 (10): 15122-15132.

[11] Wang S, Qi X, Qi D, et al. Study on the properties of periclase-forsterite lightweight heat-insulating refractories for ladle permanent layer [J]. Ceramics International, 2022, 48 (14): 20275-20284.

[12] 罗旭东，曲殿利，谢志鹏，等.碳化硅对莫来石质浇注料耐碱性能的影响 [J]. 人工晶体学报，2015，44（12）：3759-3764.

[13] 罗旭东，曲殿利，张国栋.二氧化锆对低品位菱镁矿制备镁铝尖晶石材料组成结构的影响 [J]. 硅酸盐通报，2012，31（1）：162-165，170.

[14] 罗旭东，曲殿利，张国栋.镁基（MgO-Al$_2$O$_3$-SiO$_2$）合成耐火材料 [M]. 北京：冶金工业出版社，2014.

[15] 罗旭东，张国栋，栾舰，等.镁质复相耐火材料原料、制品与性能 [M]. 北京：冶金工业出版社，2017.

[16] 罗旭东，张玲，罗纪，等.耐火材料构成理论、结构设计及制造技术 [M]. 北京：冶金工业出版社，2021.

[17] 罗旭东，张玲，张国栋，等.CaO-Al$_2$O$_3$-TiO$_2$ 系合成耐火材料 [M]. 北京：冶金工业出版社，2019.

[18] 冯雨, 高永军, 罗旭东, 等. 不同品位菱镁矿合成镁锆复相材料性能的研究 [J]. 矿产保护与利用, 2023, 43 (2): 154-161.

[19] 侯庆冬, 罗旭东, 谢志鹏, 等. Mg_2SiO_4 前驱体对电熔 MgO 质耐火材料烧结性能及热震稳定性的影响 [J]. 陶瓷学报, 2020, 41 (2): 202-207.

[20] 侯庆冬, 罗旭东, 谢志鹏, 等. 镁橄榄石前驱体溶胶结合电熔镁砂基耐火材料基质的烧结性能 [J]. 耐火材料, 2018, 52 (6): 426-429.

[21] 李美莙, 罗旭东, 张国栋, 等. 发泡法和溶胶-凝胶法制备镁质多孔材料 [J]. 无机盐工业, 2017, 49 (1): 19-21, 55.

[22] 李鑫, 罗旭东, 于忞. 我国超高温镁砂竖窑回顾及发展 [J]. 硅酸盐通报, 2017, 36 (2): 503-506.

[23] 刘小楠, 罗旭东, 彭子钧, 等. 烧结氧化镁的研究进展 [J]. 耐火材料, 2020, 54 (4): 365-368.

[24] 谢鹏永, 罗旭东, 郝长安. 低品位菱镁矿的热选提纯工艺研究 [J]. 耐火材料, 2017, 51 (1): 53-56.

[25] 于忞, 罗旭东, 张国栋, 等. TiO_2 表面包覆对氧化镁陶瓷烧结性能及抗热震性能的影响 [J]. 稀有金属材料与工程, 2018, 47 (S1): 264-268.

[26] 遇龙, 罗旭东, 谢志鹏, 等. 氮化硼/二硼化锆对氧化镁-氧化铝-碳材料性能影响 [J]. 无机盐工业, 2015, 47 (7): 16-19.

[27] 遇龙, 罗旭东, 张国栋, 等. BN 对镁基含碳耐火材料性能的影响 [J]. 人工晶体学报, 2015, 44 (1): 227-232, 242.

[28] 赵嘉亮, 罗旭东, 陈俊红, 等. 纳米技术在镁质耐火材料中应用的研究进展 [J]. 工程科学学报, 2021, 43 (1): 76-84.

[29] 郑玉, 罗旭东, 王春新, 等. 不同熔炼工艺对电熔方镁石的影响 [J]. 无机盐工业, 2019, 51 (10): 36-38.

[30] 彭子钧, 安迪, 罗旭东, 等. ZrO_2 纤维加入量对莫来石-10%SiC 晶须复合材料机械性能和抗热震稳定性的影响 [J]. 陶瓷学报, 2017, 38 (5): 706-710.

[31] 王春新, 曲殿利, 罗旭东, 等. TiO_2 对电熔合成镁铝尖晶石的影响 [J]. 硅酸盐通报, 2017, 36 (11): 3728-3732.

[32] 杨孟孟, 安迪, 罗旭东, 等. SiC 晶须对 ZrO_2-莫来石陶瓷烧结性能及抗热震性能的影响 [J]. 陶瓷学报, 2017, 38 (3): 361-365.

[33] Luo X, Qu D, Xie Z, et al. Effect of CeO_2 on the Crystalline Structure of Forsterite Synthesized from Low-Grade Magnesite [J]. Refractories and Industrial Ceramics, 2013, 54: 291-294.

[34] Feng D, Luo X, Zhang G, et al. Effect of $Al_2O_3+4SiO_2$ additives on sintering behavior and thermal shock resistance of MgO-based ceramics [J]. Refractories and Industrial Ceramics, 2016, 57: 417-422.

[35] Hou Q, Luo X, An D, et al. Fabrication and analysis of lightweight magnesia refractories with micro-nanometer double pore size structure [J]. Journal of the Australian Ceramic Society, 2022, 58 (2): 627-636.

[36] Hou Q, Luo X, Li M, et al. Non-isothermal kinetic study of high-grade magnesite thermal

decomposition and morphological evolution of MgO [J]. International Journal of Applied Ceramic Technology, 2021, 18 (3): 765-772.

[37] Hou Q, Luo X, Liu X, et al. Preparation of cordierite powder by chemical coprecipitation-rotation evaporation and solid reaction sintering [J]. Journal of the Australian Ceramic Society, 2020, 56: 1575-1582.

[38] Hou Q, Luo X, Xie Z, et al. Effect of magnesia-alumina spinel precursor sol on the sintering property of fused magnesia refractory [J]. Ceramics International, 2019, 45 (3): 3459-3464.

[39] Hou Q, Luo X, Xie Z, et al. Preparation and characterization of microporous magnesia-based refractory [J]. International Journal of Applied Ceramic Technology, 2020, 17 (6): 2629-2637.

[40] Li M, Luo X, Zhang G, et al. Effect of blowing-agent addition on the structure and properties of magnesia porous material [J]. Refractories and Industrial Ceramics, 2017, 58: 60-64.

[41] Liu X, Qu D, Luo X, et al. Modification of matrix for magnesia material by in situ nitridation [J]. Ceramics International, 2019, 45 (14): 17955-17961.

[42] Peng Z, Luo X, Xie Z, et al. Sintering behavior and mechanical properties of spark plasma sintering SiO_2-MgO ceramics [J]. Ceramics International, 2020, 46 (3): 2585-2591.

[43] Cui Y, Qu D, Luo X, et al. Effect of La_2O_3 addition on the microstructural evolution and thermomechanical property of sintered low-grade magnesite [J]. Ceramics International, 2021, 47 (3): 3136-3141.

[44] Li M, Zhou N, Luo X, et al. Effects of doping $Al_2O_3/2SiO_2$ on the structure and properties of magnesium matrix ceramic [J]. Materials Chemistry and Physics, 2016, 175: 6-12.

[45] Li M, Zhou N, Luo X, et al. Macroporous MgO monoliths prepared by sol-gel process with phase separation [J]. Ceramics International, 2016, 42 (14): 16368-16373.

[46] Peng Z, Yuan L, Luo X, et al. Mechanical properties and thermal shock resistance performance of spark plasma sintered $MgO-Al_2O_3-SiO_2$ ceramics [J]. Ceramics International, 2022, 48 (19): 28548-28556.

[47] 安建成. 矾土基均质莫来石-SiC-O'-SiAlON复相材料的组成、结构及其性能研究 [D]. 郑州: 郑州大学, 2020.

[48] 蔡伏玲. 含钛MAX相在MgO-C耐火材料中的应用研究 [D]. 武汉: 武汉科技大学, 2021.

[49] 曹桂莲. MgO-C耐火材料中$MgSiN_2/Si_3N_4$物相演变规律及氮化结合性能 [D]. 武汉: 武汉科技大学, 2020.

[50] 陈树江, 田凤仁, 李国华, 等. 相图分析及应用 [M]. 北京: 冶金工业出版社, 2007.

[51] 陈勇. 镁橄榄石合成及应用研究 [D]. 沈阳: 东北大学, 2014.

[52] 陈肇友. 化学热力学与耐火材料 [M]. 北京: 冶金工业出版社, 2008: 145-151.

[53] 方莹. 低热导率镁碳砖 [J]. 耐火材料信息, 2003, (2): 3-4.

[54] 高华, 罗明. 引入碳纤维对低碳镁碳砖性能的影响 [J]. 耐火材料, 2018, 52 (4): 296-299.

[55] 顾华志, 汪厚植, 张文杰. 耐火材料结合系统的研究新进展 [J]. 耐火材料, 2006, 40:

12-128.

[56] 桂明玺译.转炉用耐火材料的损毁 [J]. 国外耐火材料, 2002, 27 (1): 91-107.

[57] 何平.DNA 和金纳米粒子自组装的分子动力学模拟 [D]. 绵阳: 电子科技大学, 2015.

[58] 侯庆冬.镁质耐火材料可控轻量化技术及其应用基础研究 [D]. 鞍山: 辽宁科技大学, 2022.

[59] 华旭军, 朱伯铨, 李雪冬, 等.TiC-C 复合粉体的制备及其对低碳镁碳砖抗氧化性能的影响 [J]. 武汉科技大学学报 (自然科学版), 2007 (2): 145-148.

[60] 姜华.宝钢用后耐火材料的技术研究与综合利用 [J]. 宝钢技术, 2005 (3): 9-11, 30.

[61] 蒋坤, 王蝉娜, 屈天鹏, 等.电场作用下镁碳耐火材料在氧化性渣中的侵蚀行为 [J]. 材料科学与工程学报, 2019, 37 (3): 392-396.

[62] 李国丹, 丁冬海, 肖国庆, 等.纳米碳/镁铝尖晶石复合粉对低碳铝碳耐火材料性能的影响 [J]. 硅酸盐学报, 2021, 49 (9): 2036-2044.

[63] 李红霞.耐火材料手册 [M]. 北京: 冶金工业出版社, 2007.

[64] 李君, 王俭, 钟香崇.MgO-SiC-C 复合材料力学性能和抗热震性能研究 [J]. 耐火材料, 2000, (2): 86-89.

[65] 李楠, 顾华志, 赵惠忠.耐火材料学 [M]. 北京: 冶金工业出版社, 2010.

[66] 李宇峰.Ge//SiO$_2$ 纳米颗粒镶嵌薄膜力学性能及单轴拉伸行为的模拟研究 [D]. 广州: 暨南大学, 2016.

[67] 李喻琨.Al$_2$O$_3$/TiC 复合陶瓷刀具材料界面分子动力学模拟研究 [D]. 西安: 西安工业大学, 2022.

[68] 廖宁.纳米碳源制备低碳铝碳耐火材料微结构和力学性能研究 [D]. 武汉: 武汉科技大学, 2016.

[69] 林小丽, 鄢文, 陈庆洁, 等.不同尖晶石含量多孔方镁石-尖晶石陶瓷的抗水泥熟料侵蚀性能 [J]. 机械工程材料, 2016, 40 (8): 58-61.

[70] 刘波, 刘永锋, 刘开琪, 等.低碳 MgO-C 材料的抗热震性研究 [J]. 耐火材料, 2010, 44 (2): 123-125.

[71] 刘朝阳.MgO-C 系耐火材料组成、微观结构调控及性能优化的研究 [D]. 沈阳: 东北大学, 2019.

[72] 刘德嵩, 杨忠德, 林鑫, 等.轻质氧化镁含量对方镁石-镁铝尖晶石砖性能的影响 [J]. 硅酸盐通报, 2023, 42 (3): 1122-1129.

[73] 刘玲, 殷宁, 亢茂青, 等.晶须增韧复合材料机理的研究 [J]. 材料科学与工程, 2000, (2): 119-122.

[74] 柳青.SiC 晶须增强增韧 ZrC 基超高温陶瓷材料的制备与性能表征 [D]. 哈尔滨: 哈尔滨工业大学, 2011.

[75] 罗巍, 朱伯铨, 李享成, 等.MgO-C 耐火材料中陶瓷相的原位生成机理及其对材料力学性能的影响 [J]. 稀有金属材料与工程, 2015, 44 (S1): 4.

[76] 马北越, 慕鑫, 高陟, 等.低碳镁碳耐火材料抗热震性研究进展 [J]. 耐火材料, 2021, 55 (2): 174-177, 181.

[77] 满斯林, 张国栋, 刘海啸, 等.用后镁碳砖回收料加入量和粒度对镁碳砖性能的影响

[J]. 耐火材料, 2011, 45 (2): 115-117.

[78] 毛佩林. 炭/炭复合材料表面硅基材料及其腐蚀性能研究 [D]. 长沙: 中南大学, 2012.

[79] 彭耐. 高温氮化制备氮化物-氧化物-碳复合材料基础研究 [D]. 武汉: 武汉科技大学, 2015.

[80] 彭小艳, 李林, 彭达岩, 等. 低碳镁炭砖及其研究进展 [J]. 耐火材料, 2003, 37 (6): 355-357.

[81] 秦世伦, 石秋英, 徐双武, 等. 材料力学 [M]. 成都: 四川大学出版社, 2011.

[82] 单晓伟. 煤灰对耐火材料表面的润湿性与侵蚀性的研究 [D]. 太原: 太原理工大学, 2012.

[83] 沈建国, 于景坤. Al_2O_3-SiC-C 耐火材料抗 CaO-SiO_2-K_2O 渣侵蚀性能研究 [J]. 耐火材料, 2005, (5): 376-378.

[84] 孙红刚, 司瑶晨, 夏淼, 等. 碳化硅-六铝酸钙复合材料的抗渣机制: 煤气化用无铬耐火材料新探索 [J]. 材料导报, 2022, 36 (20): 181-186.

[85] 孙杰, 聂福德, 张凌. TATB 与氟聚合物界面张力及黏附功的计算 [J]. 黏接, 2001, 22 (1): 27-28.

[86] 田守信, 姚金甫. 用后镁碳砖的再生研究 [J]. 耐火材料, 2005, 39 (4): 253-255.

[87] 田守信, 姚金甫. 再生镁碳砖的性能、使用和质量控制 [J]. 耐火材料, 2007, 41 (60): 443-445.

[88] 万齐法. 轻量尖晶石质耐火材料制备、结构与性能的研究 [D]. 西安: 西安建筑科技大学, 2020.

[89] 王东生, 吕学明, 刘亚东. 含 TiC 熔渣对 MgO-C 砖的侵蚀机制 [J]. 耐火材料, 2024, 58 (1): 48-52.

[90] 王力, 李光强, 刘昱, 等. 不同碳含量的 MgO-C 耐火材料与超低碳钢液的相互作用 [J]. 钢铁研究学报, 2017, 29 (8): 616-625.

[91] 王苹. Ti-Al-C 体系热力学分析及动力学机理研究 [D]. 武汉: 武汉理工大学, 2008.

[92] 王秋萍. 碳纤维表面可控接枝聚合改性及其复合材料界面模拟研究 [D]. 南昌: 南昌航空大学, 2017.

[93] 王晓婷, 游杰刚, 郑丽君, 等. 钢包渣线用低碳 MgO-C 砖的研制 [J]. 冶金能源, 2018, 37 (5): 47-49.

[94] 韦佳铭. 高压制备多元掺杂镁硅基材料的热电与力学性能研究 [D]. 武汉: 武汉理工大学, 2018.

[95] 夏忠锋. 低碳镁碳材料基质组成的优化研究 [D]. 武汉: 武汉科技大学, 2012.

[96] 谢朝晖, 叶方保. 氧化铝微粉加入量对低碳镁碳砖性能的影响 [J]. 耐火材料, 2010, 44 (2): 89-91, 99.

[97] 徐彬. 原位生成 Si_3N_4 结合 MgO 陶瓷复合材料界面结合机理研究 [D]. 武汉: 武汉科技大学, 2014.

[98] 徐娜, 李志坚, 吴锋, 等. TiN 提高镁碳砖抗渣侵蚀机理的研究 [J]. 硅酸盐通报, 2008, 27 (5): 1044-1047.

[99] 许森. 载能粒子辐照下金属材料微观结构变化的分子动力学模拟研究 [D]. 长春: 吉林

大学，2022.

[100] 薛茂权，李长生，唐华.三元层状碳化物 Ti₃AlC₂ 的无压烧结合成 [J].真空科学与技术学报，2014，34 (3)：300-304.

[101] 严六明，朱素华.分子动力学模拟的理论与实践 [M].北京：科学出版社，2013.

[102] 闫明伟，杨裕民，仝尚好，等.高温氮气下镁碳耐火材料的物相重构与微结构演变 [J].耐火材料，2022，56 (2)：93-100.

[103] 杨世铭，陶文铨.传热学 [M].3 版.北京：高等教育出版社，1998.

[104] 杨忠德，林鑫，王少阳，等.镁质耐火材料用结合剂的应用进展 [J].耐火材料，2023，57 (2)：180-184.

[105] 姚华柏.Al₄SiC₄ 在镁碳体系中的高温行为及低碳镁碳砖的研制 [D].北京：北京科技大学，2021.

[106] 魏耀武，李楠，陈方玉，等.MgO-SiC-C 材料的抗渣性能研究 [J].耐火材料，2007，(2)：89-92.

[107] 于凌月，魏军从，杨春，等.不同碳源对低碳镁碳砖性能的影响 [J].耐火材料，2020，54 (4)：338-342.

[108] 张凤春，李元喆，唐黎明，等.TiC(100)/α-Fe(100) 界面稳定性及电子特性的第一性原理研究 [J].热加工工艺，2022，51 (2)：65-69.

[109] 张晋，朱伯铨.Al+Mg-Al、Al+Si 复合添加剂对低碳镁碳材料抗氧化性能的影响 [J].耐火材料，2010，44 (2)：92-95.

[110] 张丽.洁净钢生产用钢包内衬的改进 [J].耐火与石灰，2008，(2)：31-34.

[111] 张鑫，胡翔，徐星星，等.GAP 黏合剂基体与 ε-CL-20 界面作用 [J].含能材料，2021，29 (11)：1099-1105.

[112] 赵婷婷.氧化铝-氧化锆-莫来石三元复相陶瓷抗热震性能的研究 [D].上海：上海第二工业大学，2022.

[113] 赵卓玲，冯小明，艾桃桃.Ti₃AlC₂ 材料的制备及其高温抗氧化性能研究 [J].硅酸盐通报，2011，30 (1)：65-68.

[114] 郑坤灿，温治，刘训良，等.高炉炉衬侵蚀数值模拟的研究现状及其发展趋势 [J].钢铁研究学报，2010，22 (3)：1-5.

[115] 周言.煤和生物质灰熔融特性及对耐火材料侵蚀机理研究 [D].镇江：江苏大学，2020.

[116] 朱强.SiC-Al₂O₃ 复合粉体的合成以及在低碳镁碳砖中的应用 [J].材料与冶金学报，2008，7 (2)：3-4.

[117] 朱天彬，李亚伟，桑绍柏.低碳化镁碳耐火材料的研究进展 [J].中国材料进展，2020，39 (1)：609-617.

[118] Akkermans R L C, Spenley N A, Robertson S H. Monte Carlo methods in materials studio [J]. Molecular Simulation, 2013, 39 (14/15)：1153-1164.

[119] Andrés C W, Moliné M N, Camelli S, et al. Slag corrosion of alumina-magnesia-carbon refractory bricks by different approaches [J]. Ceramics International, 2020, 46 (15)：24495-24503.

［120］ Aneziris C G, Hubalkova J, Barabas R. Microstruture evaluation of MgO-C refractories with TiO$_2$- and Al-addition ［J］. Journal of the European Ceramic Society, 2007, 27 (1): 73-78.

［121］ Arrhenius S. Über die Dissociationswärme und den einfluß der temperatur auf den dissociationsgrad der elektrolyte ［J］. Zeitschrift für Physikalische Chemie, 1889, (4): 96-116.

［122］ Arrhenius S. Über die Reaktionsgeschwindigkeit bei der inversion von rohrzucker durch säuren ［J］. Zeitschrift für Physikalische Chemie, 1889, 4: 226-248.

［123］ Atzenhofer C, Harmuth H. Phase formation in MgO-C refractories with different antioxidants ［J］. Journal of the European Ceramic Society, 2021, 41 (14): 7330-7338.

［124］ Bag M, Adak S, Sarkar R. Study on low carbon containing MgO-C refractory: Use of nano carbon ［J］. Ceramics International, 2012, 38 (3): 2339-2346.

［125］ Bavand-Vandchali M, Sarpoolaky H, Golestani-Fard F, et al. Atmosphere and carbon effects on microstructure and phase analysis of in situ spinel formation in MgO-C refractories matrix ［J］. Ceramics International, 2009, 35 (2): 861-868.

［126］ Cao G, Deng C, Chen Y, et al. Influence of sintering process and interfacial bonding mechanism on the mechanical properties of MgO-C refractories ［J］. Ceramics International, 2020, 46 (10): 16860-16866.

［127］ Chen Q, Zhu T, Li Y, et al. Enhanced performance of low-carbon MgO-C refractories with nano-sized ZrO$_2$-Al$_2$O$_3$ composite powder ［J］. Ceramics International, 2021, 47 (14): 20178-20186.

［128］ Chen Y, Deng C, Wang X, et al. Effect of Si powder-supported catalyst on the microstructure and properties of Si$_3$N$_4$-MgO-C refractories ［J］. Construction and Building Materials, 2020, 240: 117964.

［129］ Chen Y, Deng C, Wang X, et al. Evolution of c-ZrN nanopowders in low-carbon MgO-C refractories and their properties ［J］. Journal of the European Ceramic Society, 2021, 41 (1): 963-977.

［130］ Chen Y, Ding J, Deng C, et al. Improved thermal shock stability and oxidation resistance of low-carbon MgO-C refractories with introduction of SiC whiskers ［J］. Ceramics International, 2023, 49 (16): 26871-26878.

［131］ Chen Y, Wang X, Deng C, et al. Growth mechanism of in situ MgSiN$_2$ and its synergistic effect on the properties of MgO-C refractories ［J］. Construction and Building Materials, 2021, 289: 123032.

［132］ Cheng Y, Zhu T, Li Y, et al. Microstructure and properties of MgO-C refractory with different carbon contents ［J］. Ceramics International, 2021, 47 (2): 2538-2546.

［133］ Chong X, Li K, Xiao G, et al. Effect of C/MgO nanocomposite powders on the properties of low-carbon MgO-C refractories ［J］. Ceramics International, 2023, 49 (21): 34316-34326.

［134］ Ding D, Chong X, Xiao G, et al. Combustion synthesis of B$_4$C/Al$_2$O$_3$/C composite powders and their effects on properties of low carbon MgO-C refractories ［J］. Ceramics International, 2019, 45 (13): 16433-16441.

[135] Ding D, Lv L, Xiao G, et al. Improved properties of low-carbon MgO-C refractories with the addition of multilayer graphene/MgAl$_2$O$_4$ composite powders [J]. International Journal of Applied Ceramic Technology, 2020, 17 (2): 645-656.

[136] Emmel M, Aneziris C G, Sponza F, et al. In situ spinel formation in Al$_2$O$_3$-MgO-C filter materials for steel melt filtration [J]. Ceramics International, 2014, 40 (8): 13507-13513.

[137] Fu L, Gu H, Huang A, et al. Slag resistance mechanism of lightweight microporous corundum aggregate [J]. Journal of the American Ceramic Society, 2015, 98 (5): 1658-1663.

[138] Fu L, Huang A, Gu H, et al. Effect of nano-alumina sol on the sintering properties and microstructure of microporous corundum [J]. Materials & Design, 2016, 89: 21-26.

[139] Gao Y, Wang S, Hong C, et al. Effects of basicity and MgO content on the viscosity of the SiO$_2$-CaO-MgO-9% Al$_2$O$_3$ slag system [J]. International Journal of Minerals, Metallurgy, and Materials, 2014, 21: 353-362.

[140] Ghasemi-Kahrizsangi S, Dehsheikh H G, Boroujerdnia M. Effect of micro and nano-Al$_2$O$_3$ addition on the microstructure and properties of MgO-C refractory ceramic composite [J]. Materials Chemistry and Physics, 2017, 189: 230-236.

[141] Guo Z, Ding Q, Liu L, et al. Microstructural characteristics of refractory magnesia produced from macrocrystalline magnesite in China [J]. Ceramics International, 2021, 47 (16): 22701-22708.

[142] Han J S, Kang J G, Shin J H, et al. Influence of CaF$_2$ in calcium aluminate-based slag on the degradation of magnesia refractory [J]. Ceramics International, 2018, 44 (11): 13197-13204.

[143] Hanao M, Tanaka T, Kawamoto M, et al. Evaluation of surface tension of molten slag in multi-component systems [J]. ISIJ international, 2007, 47 (7): 935-939.

[144] Hasselman D P H. Elastic energy at fracture and surface energy as design criteria for thermal shock [J]. Journal of the American Ceramic Society, 1963, 46 (11): 535-540.

[145] Hasselman D P H. Unified theory of thermal shock fracture initiation and crack propagation in brittle ceramics [J]. Journal of the American Ceramic society, 1969, 52 (11): 600-604.

[146] Huang A, Gu H Z, Zou Y, et al. An approach for modeling slag corrosion of lightweight Al$_2$O$_3$-MgO castables in refining ladle [J]. Ceram Trans Ser, 2016, 256: 101-111.

[147] Jansson S, Brabie V, Jönsson P. Corrosion mechanism of commercial MgO-C refractories in contact with different gas atmospheres [J]. ISIJ international, 2008, 48 (6): 760-767.

[148] Kasemer M, Zepeda-Alarcon E, Carson R, et al. Deformation heterogeneity and intragrain lattice misorientation in high strength contrast, dual-phase bridgmanite/periclase [J]. Acta Materialia, 2020, 189: 284-298.

[149] Kim H, Kim W H, Sohn I, et al. The effect of MgO on the viscosity of the CaO-SiO$_2$-20% Al$_2$O$_3$-MgO slag system [J]. Steel Research International, 2010, 81 (4): 261-264.

[150] Kingery W D. Factors affecting thermal stress resistance of ceramics materials [J]. Journal of the American Ceramic Society, 1955, 38 (1): 3-15.

[151] Kundu R, Sarkar R. MgO-C refractories: a detailed review of these irreplaceable refractories in

steelmaking [J]. Interceram-International Ceramic Review, 2021, 70 (3): 46-55.

[152] Kusiorowski R. MgO-ZrO₂ refractory ceramics based on recycled magnesia-carbon bricks [J]. Construction and Building Materials, 2020, 231: 117084.

[153] Leimkuhler B, Matthews C. Molecular dynamics: With deterministic and stochastic numerical methods [J]. Interdisciplinary Applied Mathematics, 2015, 39: 443.

[154] Li W, Deng C, Chen Y, et al. Application of Cr₃C₂/C composite powders synthesized via molten-salt method in low-carbon MgO-C refractories [J]. Ceramics International, 2022, 48 (11): 15227-15235.

[155] Li Y, Wang J, Duan H, et al. Catalytic preparation of carbon nanotube/SiC whisker bonded low carbon MgO-C refractories and their high-temperature mechanical properties [J]. Ceramics International, 2022, 48 (4): 5546-5556.

[156] Li Z, Qu D, Li J, et al. Effect of Different Electrofusion Processes on Microstructure of Fused Magnesia [J]. Refractories and Industrial Ceramics, 2022, 62 (5): 541-547.

[157] Liu B, Sun J L, Tang G S, et al. Effects of nanometer carbon black on performance of low-carbon MgO-C composites [J]. Journal of Iron and Steel Research, 2010, 17 (10): 75-78.

[158] Liu J, Sheng H, Yang X, et al. Research on the wetting and corrosion behavior between converter slag with different alkalinity and MgO-C refractories [J]. Oxidation of Metals, 2022, 97: 157-166.

[159] Liu Z, Deng C, Yu C, et al. Preparation of in situ grown silicon carbide whiskers onto graphite for application in Al₂O₃-C refractories [J]. Ceramics International, 2018, 44 (12): 13944-13950.

[160] Liu Z, Yu J, Yang X, et al. Oxidation resistance and wetting behavior of MgO-C refractories: Effect of carbon content [J]. Materials, 2018, 11 (6): 883.

[161] Liu Z, Yu J, Yue S, et al. Effect of carbon content on the oxidation resistance and kinetics of MgO-C refractory with the addition of Al powder [J]. Ceramics International, 2020, 46 (3): 3091-3098.

[162] Liu Z, Yuan L, Jin E, et al. Wetting, spreading and corrosion behavior of molten slag on dense MgO and MgO-C refractory [J]. Ceramics International, 2019, 45 (1): 718-724.

[163] Ludwig M, Śnieżek E, Jastrzębska I, et al. Recycled magnesia-carbon aggregate as the component of new type of MgO-C refractories [J]. Construction and Building Materials, 2021, 272: 121912.

[164] Luz A P, Souza T M, Pagliosa C, et al. In situ hot elastic modulus evolution of MgO-C refractories containing Al, Si or Al-Mg antioxidants [J]. Ceramics International, 2016, 42 (8): 9836-9843.

[165] Luz A P, Vivaldini D O, Lopez F, et al. Recycling MgO-C refractories and dolomite fines as slag foaming conditioners: experiemental and thermodynamic evaluations [J]. Ceramics International, 2013, 39 (7): 8079-8085.

[166] Ma B, Ren X, Gao Z, et al. Synthesis of Al₂O₃-SiC powder from electroceramics waste and its

application in low-carbon MgO-C refractories [J]. International Journal of Applied Ceramic Technology, 2022, 19 (3): 1265-1273.

[167] Mahato S, Pratihar S K, Behera S K. Fabrication and properties of MgO-C refractories improved with expanded graphite [J]. Ceramics International, 2014, 40 (10): 16535-16542.

[168] Mi Y, Xu Y, Li Y, et al. Fabrication and thermal shock behavior of ZrO_2 toughened magnesia aggregates [J]. Ceramics International, 2021, 47 (18): 26475-26483.

[169] Mills K C. Estimation of physicochemical properties of coal slags and ashes [M]. New York: ACS Publications, 1986.

[170] Nakamoto M, Kiyose A, Tanaka T, et al. Evaluation of the surface tension of ternary silicate melts containing Al_2O_3, CaO, FeO, MgO or MnO [J]. ISIJ International, 2007, 47 (1): 38-43.

[171] Nanda S, Choudhury A, Chandra K S, et al. Raw materials, microstructure, and properties of MgO-C refractories: directions for refractory recipe development [J]. Journal of the European Ceramic Society, 2023, 43 (1): 14-36.

[172] Ptschke J, Deinet T. The corrosion of refractory castables [J]. InterCeram: International Ceramic Review, 2005, 1: 6-10.

[173] Raju M, Mahata T, Sarkar D, et al. Improvement in the properties of low carbon MgO-C refractories through the addition of graphite-SiC micro-composite [J]. Journal of the European Ceramic Society, 2022, 42 (4): 1804-1814.

[174] Rappé A K, Casewit C J, Colwell K S. A full periodic table force filed for molecular mechanics and molecular dynamics simulations [J]. Journal of the American Chemical Society, 1992, 114 (25): 10024-10035.

[175] Rastegar H, Bavand-Vandchali M, Nemati A, et al. Phase and microstructural evolution of low carbon MgO-C refractories with addition of Fe-catalyzed phenolic resin [J]. Ceramics International, 2019, 45 (3): 3390-3406.

[176] Ren X, Ma B, Li S, et al. Comparison study of slag corrosion resistance of $MgO-MgAl_2O_4$, MgO-CaO and MgO-C refractories under electromagnetic field [J]. Journal of Iron and Steel Research International, 2021, 28: 38-45.

[177] Ren X, Ma B, Liu H, et al. Designing low-carbon $MgO-Al_2O_3-La_2O_3-C$ refractories with balanced performance for ladle furnaces [J]. Journal of the European Ceramic Society, 2022, 42 (9): 3986-3995.

[178] Ren X, Ma B, Wang L, et al. From magnesite directly to lightweight closed-pore MgO ceramics: the role of Si and Si/SiC [J]. Ceramics International, 2021, 47 (22): 31130-31137.

[179] Riboud P V, Roux Y, Lucas L D, et al. Improvement of continuous casting powders [J]. ISIJ International, 1981, (19): 859-969.

[180] Rice R W. Evaluating porosity parameters for porosity-property relations [J]. Journal of the American Ceramic Society, 1993, 76 (7): 1801-1808.

[181] Sado S, Jastrzębska I, Zelik W, et al. Current State of Application of Machine Learning for Investigation of MgO-C Refractories: A Review [J]. Materials, 2023, 16 (23): 7396.

[182] Sarkar R, Nash B P, Sohn H Y. Interaction of magnesia-carbon refractory with ferrous oxide under flash ironmaking conditions [J]. Ceramics International, 2020, 46 (6): 7204-7217.

[183] Sarkar R, Nash B P, Sohn H Y. Interaction of magnesia-carbon refractory with metallic iron under flash ironmaking conditions [J]. Journal of the European Ceramic Society, 2020, 40 (2): 529-541.

[184] Semchenko G D, Brazhnik D A, Povshuk V V, et al. Synthesis and conversion on heating of nickel-containing antioxidant organic precursor for periclase-carbon refractories [J]. Refractories and Industrial Ceramics, 2016, 57: 33-37.

[185] Tessier-Doyen N, Glandus J C, Huger M. Untypical Young's modulus evolution of model refractories at high temperature [J]. Journal of the European Ceramic Society, 2006, 26 (3): 289-295.

[186] Thethwayo B M, Steenkamp J D. A review of carbon-based refractory materials and their applications [J]. Journal of the Southern African Institute of Mining and Metallurgy, 2020, 120 (11): 641-650.

[187] Wang Q, Qi F, He Z, et al. Effect of graphite content and heating temperature on carbon pick-up of ultra-low-carbon steel from magnesia-carbon refractory using CFD modelling [J]. International Journal of Heat and Mass Transfer, 2018, 120: 86-94.

[188] Wang S, Zhang L, Huang M, et al. Effects of different additives on properties of magnesium aluminate Spinel-Periclase castable [J]. Ceramics International, 2023, 49 (3): 4412-4421.

[189] Wang X, Chen Y, Ding J, et al. Influence of ceramic phase content and its morphology on mechanical properties of MgO-C refractories under high temperature nitriding [J]. Ceramics International, 2021, 47 (8): 10603-10610.

[190] Wang X, Deng C, Di J, et al. Enhanced oxidation resistance of low-carbon MgO-C refractories with Al_3BC_3-Al antioxidants: A synergistic effect [J]. Journal of the American Ceramic Society, 2023, 106 (6): 3749-3764.

[191] Wei G, Zhu B, Li X, et al. Microstructure and mechanical properties of low-carbon MgO-C refractories bonded by an Fe nanosheet-modified phenol resin [J]. Ceramics International, 2015, 41 (1): 1553-1566.

[192] Wei Y, Xu H, Li X, et al. Mechanism of SiC formation in the synthesis of MgO-SiC-C powder from magnesite or magnesia [J]. Interceram-International Ceramic Review, 2015, 64 (3): 122-124.

[193] Wen Y, Nan L, Han B. Influence of Microsilica Content on the slag resistance of castables containing porous corundum-spinel aggregates [J]. International Journal of Applied Ceramic Technology, 2008, 5 (6): 633-640.

[194] Xiao J, Chen J, Wei Y, et al. Oxidation behaviors of MgO-C refractories with different Si/SiC ratio in the 1100 ~ 1500 ℃ range [J]. Ceramics international, 2019, 45 (17): 21099-21107.

[195] Xu X, Li Y, Dai Y, et al. Influence of graphite content on fracture behavior of MgO-C refractories based on wedge splitting test with digital image correlation method and acoustic emission [J]. Ceramics International, 2021, 47 (9): 12742-12752.

[196] Xu X, Zhu T, Li Y, et al. Effect of particle grading on fracture behavior and thermal shock resistance of MgO-C refractories [J]. Journal of the European Ceramic Society, 2022, 42 (2): 672-681.

[197] Yan H, Nie B, Peng C, et al. Molecular model construction of low-quality coal and molecular simulation of chemical bond energy combined with materials studio [J]. Energy & Fuels, 2021, 35 (21): 17602-17616.

[198] Yan W, Wu G, Ma S, et al. Energy efficient lightweight periclase-magnesium alumina spinel castables containing porous aggregates for the working lining of steel ladles [J]. Journal of the European Ceramic Society, 2018, 38 (12): 4276-4282.

[199] Yan Z, Lv X, Zhang J, et al. Influence of MgO, Al_2O_3 and CaO/SiO_2 on the viscosity of blast furnace type slag with high Al_2O_3 and 5% TiO_2 [J]. Canadian Metallurgical Quarterly, 2016, 55 (2): 186-194.

[200] Yang L, Hou C, Ma X, et al. Structure relaxation via long trajectories made stable [J]. Physical Chemistry Chemical Physics, 2017, 19 (36): 24478-24484.

[201] Young T. An essay on the cohesion of fluids [J]. Philosophical transactions of the royal society of London, 1805 (95): 65-87.

[202] Yu C, Dong B, Chen Y, et al. Enhanced oxidation resistance of low-carbon MgO-C refractories with ternary carbides: a review [J]. Journal of Iron and Steel Research International, 2022, 29 (7): 1052-1062.

[203] Zhao J, Fan B, Zhao F, et al. Sintering behavior and microstructure of $(1-x)$ $MgAl_2O_4$-xMg_2TiO_4 spinel solid solutions prepared by isostructural heterogeneous nucleation [J]. Ceramics International, 2023, 49 (8): 12551-12562.

[204] Zhao J, Hao X, Wang S, et al. Sintering behavior and thermal shock resistance of aluminum titanate (Al_2TiO_5)-toughened MgO-based ceramics [J]. Ceramics International, 2021, 47 (19): 26643-26650.

[205] Zhao J, Hou Q, Fan B, et al. Investigation on mechanical and thermal properties of $MgAl_2O_4$-Mg_2TiO_4 solid solutions with spinel-type structure [J]. Ceramics International, 2023, 49 (22): 34490-34499.

[206] Zhao S, Gu H, Huang A, et al. Effect of magnesia-calcium hexaaluminate refractories on the quality of low-carbon alloy steel [J]. Ceramics International, 2022, 48 (21): 31181-31190.

[207] Zhang C, Zuo R, Zhang J, et al. Structure-dependent microwave dielectric properties and middle-temperature sintering of forsterite ($Mg_{1-x}Ni_x)_2SiO_4$ ceramics [J]. Journal of the American Ceramic Society, 2015, 98 (3): 702-710.

[208] Zhang S, Marriott N J, Lee W E. Thermochemistry and microstruc-tures of MgO-C refractories containing various antioxidants [J]. Journal of the European Ceramic Society, 2001, 21 (8): 1037-1047.

[209] Zhu T, Li Y, Jin S, et al. Microstructure and mechanical properties of MgO-C refractories containing expanded graphite [J]. Ceramics International, 2013, 39 (4): 4529-4537.

[210] Zhu T, Li Y, Sang S, et al. Effect of nanocarbon sources on microstructure and mechanical properties of MgO-C refractories [J]. Ceramics International, 2014, 40 (3): 4333-4340.

[211] Zhu T, Li Y, Sang S, et al. Formation of nanocarbon structures in MgO-C refractories matrix: Influence of Al and Si additives [J]. Ceramics International, 2016, 42 (16): 18833-18843.